Elektrizität

im Nahrungsmittel-Gewerbe

Von Dipl.-Ing. W. Buch

M. Krayn Technischer Verlag G. m. b. H.
Berlin W 35 · Stuttgart-O

Druck der Stuttgarter Vereinsbuchdruckerei A. G.

Inhaltsverzeichnis

Zur Einführung

Angeregt zu der vorliegenden Arbeit wurde ich dadurch, daß ich bei meiner beruflichen Tätigkeit Gelegenheit hatte, eine große Anzahl von Werken und Betrieben der Nahrungsmittel-Industrie kennenzulernen. Abgesehen von den verhältnismäßig wenigen großen Werken dieses Industriezweiges konnte ich in den zahlreichen mittleren und kleineren Betrieben immer wieder die Erfahrung machen, daß die Kosten für die Einstellung eines elektrotechnisch geschulten Betriebsleiters oder Meisters vielfach nicht aufgebracht werden können. Die Auswahl der elektrischen Einrichtungen bei der Planung von Erweiterungen bzw. Neueinrichtungen wird daher in diesen Betrieben vielfach ohne fachmännischen Rat getroffen. Auch die Wartung der bestehenden Einrichtungen wird meistens ungeschultem Personal überlassen.

In den nachstehenden Abschnitten soll ein Überblick über die Einrichtungen gegeben werden, welche die Elektro-Industrie zur Verwendung in den Betrieben der Nahrungsmittel-Industrie geschaffen hat. Ausgehend von den Stromversorgungsanlagen derartiger Betriebe wird die neuzeitliche Ausgestaltung der Stromverteilungsanlagen und der angeschlossenen Stromverbraucher beschrieben werden. Besondere Berücksichtigung wird die wirtschaftliche Ausgestaltung der elektrischen Antriebe finden, die zurzeit das wichtigste Anwendungsgebiet der elektrischen Energie in der Nahrungsmittel-Industrie darstellen.

Ich möchte mich hierbei hauptsächlich an die Leiter derartiger Betriebe wenden, die in der Mehrzahl der Fälle Nahrungsmittel-Fachleute sind und die daher die Neuerungen auf dem elektro-technischen Gebiet nicht dauernd verfolgen können. Es wurde daher eine Darstellungsweise gewählt, die durch Einfügung von Rechnungsbeispielen und Tabellen bei schwierigeren Fragen das Eindringen in diese Materie erleichtert, auch wenn man diesen Dingen etwas ferner steht.

Im übrigen wird in den einzelnen Abschnitten das elektrische Material beschrieben werden, das für die Nahrungsmittel-Industrie in Frage kommt. Die Auswahl des zweckmäßigsten Materials für einen bestimmten Verwendungszweck wird jedem Betriebsleiter unter Berücksichtigung der ihm bekannten Betriebsbedingungen der betreffenden Abteilung an Hand dieser Beschreibung leicht möglich sein.

Da die Betriebsbedingungen in vielen anderen Zweigen der verarbeiteten Industrie — Holz-, Papier-, Textilindustrie usw. — bezüglich Staub- und Feuchtigkeitsgehalt der Luft, Auftreten von Spritz- oder Schwallwasser, Auftreten hoher Temperaturen u. a. ähnlich denen in gewissen Betrieben bzw. Betriebsabteilungen der Nahrungsmittel-Industrie sind, dürfte das Handbuch auch für den Leiter derartiger Betriebe manche Anregung enthalten. Darüber hinaus wird es dazu beitragen, dem Konstrukteur der Arbeitsmaschinen die von seiten der Elektro-Industrie zur Verfügung stehenden Möglichkeiten zur zweckmäßigen Verwendung der Elektrizität für Antriebs-, Wärme- und Lichtzwecke zu weisen und andererseits dem planenden Elektro-Ingenieur die Kenntnis der besonderen Belange der einzelnen Zweige der Nahrungsmittel-Industrie zu vermitteln.

Den Firmen, die diese Arbeit durch Überlassung von Bildern, Zahlenangaben und Tabellen gefördert und unterstützt haben, insbesondere der Allgemeinen Elektricitäts-Gesellschaft, sage ich an dieser Stelle meinen verbindlichsten Dank.

Berlin-Lankwitz 1934.

Der Verfasser

Elektrotechnische Grundbegriffe

Wesen und Wirken des elektrischen Stromes sind schwer vorstellbar. Durch einen Vergleich aus dem Wasserbau kann man dem Verständnis etwas näherkommen. Ein Wasserlauf kann nur abfließen, wenn ein Gefälle vorhanden ist. Erhöht bzw. erniedrigt man das Gefälle bei gleichbleibender Wassermenge, so steigt bzw. sinkt die nutzbare Leistung, z. B. an einem in den Wasserlauf eingebauten Wasserrad.

In der Elektrotechnik entspricht die Höhe des Gefälles der Spannung. Das Maß für die Spannung ist das Volt (V). Der Wassermenge ist in diesem Vergleich die Stromstärke gleichzusetzen, gemessen in Ampere (A). Wird die Spannung erhöht, so steigt bei gleichbleibender Stromstärke in gleichem Maße die Leistung.

Bei der Übertragung elektrischer Energie ist jedoch noch der Widerstand zu berücksichtigen, den der stromführende Leiter dem Stromdurchgang entgegensetzt. Gemessen wird der Widerstand in Ohm (Ω). Die Erklärung für die Einheit der Stromstärke lautet demnach:

1 Ampere ist die Stärke desjenigen Stromes, welcher durch einen Leiter von 1 Ohm Widerstand fließt, wenn zwischen seinen beiden Enden die Spannung 1 Volt herrscht.

Das Produkt aus Spannung und Strom ergibt bei Gleichstrom ein Maß für die elektrische Leistung in Watt (W):

Volt × Ampere = Watt.

Bei Drehstrom hingegen ist für die Bestimmung der Leistung außer der Spannung und der Stromstärke noch ein immer gleichbleibender Faktor (1,73) und der Leistungsfaktor (cos φ) zu berücksichtigen.

Durch den Leistungsfaktor (s. Abschnitt Leistungsfaktorverbesserung in Drehstromanlagen) wird das Verhältnis der wirklichen Leistung in Watt zur scheinbaren Leistung in Voltampere (Volt × Ampere × 1,73) dargestellt. Er kann nie größer als 1 sein und beträgt z. B. bei vollbelasteten Motoren 0,8—0,9.

Demnach gilt für Drehstrom:

Volt × Ampere (einer Leitung) × 1,73 × cos φ = Watt.

Elektrische Arbeit ist das Produkt aus der elektrischen Leistung in Watt und der Zeit, in der die Leistung wirkt:

1 Watt × 1 Stunde (h von lateinisch hora) = 1 Wattstunde (Wh),
1000 Wattstunden = 1 Kilowattstunde (kWh).

Im Maschinenbau wird die Leistung der Arbeitsmaschinen auch heute noch ausschließlich in Pferdestärken (PS) angegeben. Die Leistung der Elektromotoren wurde aus diesem Grund früher in PS gemessen. In der Elektrotechnik legt man jedoch seit längerer Zeit für die mechanische Leistung ebenso wie für die elektrische das Kilowatt zugrunde.

Die Umrechnung von PS in kW und umgekehrt erfolgt nach der Gleichung:

1 PS = 736 Watt = 0,736 kW; 1 kW = 1,36 PS.

Die elektrische Betriebsführung

Die grundlegenden Bedingungen, denen alle mechanischen und elektrischen Einrichtungen in Betrieben der Nahrungsmittel-Industrie genügen müssen, sind:

Sauberkeit,

Anpassungsfähigkeit an die wechselnden Anforderungen des Marktes und gegebenenfalls der Witterung,

wirtschaftliche Betriebsführung.

Der Elektromotor vereinigt in idealer Weise alle die Eigenschaften, die unter diesen Verhältnissen von einem Antriebsmittel verlangt werden können.

Die unbedingte Sauberkeit ist bei der elektrischen Betriebsführung dadurch gegeben, daß die Energie den Motoren durch ruhende Kabelleitungen zugeführt wird. Ein Umherspritzen von Öl ist ebenso ausgeschlossen wie Rauch- und Rußentwicklung.

Durch zweckentsprechende Unterteilung der Antriebe, die mittels der Elektromotoren möglich ist, kann man die einzelnen Abteilungen voneinander unabhängig machen und hat es so in der Hand, den Fertigungsgang den jeweiligen Bedürfnissen entsprechend durchzuführen. Bei einem erforderlich werdenden Stillstand einer Maschine bzw. einer Abteilung braucht nur der dazugehörige Motor abgeschaltet zu werden, um Leerlaufverluste, d. h. unnötige Betriebskosten vollkommen zu unterbinden.

Lange Wellenstränge mit den vielen Lagern und Riemen entfallen, wenn für jede Arbeitsmaschine ein besonderer Antriebsmotor vorgesehen wird. Daß daneben für gewisse Arbeitsvorgänge, bei denen mehrere Arbeitsmaschinen gleichzeitig in Betrieb sind, eine kurze Transmission verwendet werden kann, ist natürlich nicht ausgeschlossen. Die wirtschaftlichste Antriebsform für die einzelnen Betriebsabteilungen ist in jedem Einzelfalle auf Grund der örtlichen Verhältnisse und der besonderen Belange des Fertigungsganges zu untersuchen, jedoch wird man sich fast immer für einen Einzelantrieb der Arbeitsmaschinen entscheiden können.

Man sollte hierbei allerdings nicht außer acht lassen, daß eine weitgehende Verwendung von Einzelantrieben noch Vorteile zur Folge hat, die in einer Wirtschaftlichkeitsberechnung zahlenmäßig nicht zu erfassen sind. Infolge des Fortfalles der Riemenübertragungen ist das Betriebspersonal weniger gefährdet, die Betriebsräume werden übersichtlicher, endlich kann auch eine einwandfreie Betriebskontrolle leicht durchgeführt werden.

Eine in jeder Beziehung einwandfrei arbeitende Anlage wird man jedoch nur erhalten, wenn man sich schon bei der Planung über die Auswahl und Anordnung des für jede Betriebsabteilung zweckmäßigsten Materials klar ist. Das führt unter Umständen zu der Notwendigkeit, sogar innerhalb eines Werkes in der einen Betriebsabteilung anderes Installationsmaterial bzw. eine andere Bauform der Motoren zu wählen als in der benachbarten Abteilung.

Trotzdem haben die Betriebe bzw. Abteilungen auch in elektrischer Beziehung viele gleichartige Einrichtungen, z. B. die Fördereinrichtungen in Gestalt von laufenden Bändern, von Elektrokarren für die Bewältigung der waagerechten bzw. Elevatoren und Aufzügen für die senkrechten Transportwege. Auch wird es in jedem größeren Betriebe eine Werkstatt geben, deren Einrichtung nur bezüglich der Reichhaltigkeit und Leistungsfähigkeit der Werkzeugmaschinen unterschiedlich sein wird.

In den eigentlichen Betriebsräumen wird man zunächst die mittlere Lufttemperatur zu berücksichtigen haben. Es ist auch wesentlich, ob die Luft trocken ist oder einen hohen Feuchtigkeitsgehalt hat. Das Auftreten von Tropf-, Spritz- oder Schwallwasser bedingt besondere Durchbildung des zu verwendenden elektrischen Materials. Andere Vorschriften gelten wieder für Betriebsräume, in denen die Einrichtung der Einwirkung von Staub ausgesetzt ist, wieder andere bei Explosionsgefahr durch Mehl- oder Zuckerstaub, Angriff von Säuredämpfen oder Gasen. In jedem Betriebsfalle liefert die Elektro-Industrie Sonderbauarten, die die jeweils vorliegenden Bedingungen erfüllen.

Dabei muß man aber berücksichtigen, daß die Bedienung durch elektrotechnisch ungeschulte Arbeitskräfte vorgenommen wird. Alle Teile müssen daher so widerstandsfähig und einfach wie nur irgend möglich gestaltet sein. Scheinbare Ersparnisse in den Anlagekosten bei Wahl unzweckmäßigen Materials wirken sich später unvermeidlich in Betriebsunterbrechungen aus, die schon bei ganz kurzer Dauer Kosten verursachen können, die ein Vielfaches dieser Beträge ausmachen.

Stromversorgung.

Stromart und Spannung.

Man unterscheidet zwischen Gleichstrom und Wechselstrom, wobei für die Versorgung der Industriebetriebe hauptsächlich der dreiphasige Wechselstrom, der Drehstrom, von Bedeutung ist.

Bei Anschluß an ein Elektrizitätswerk, der hier in der Regel in Frage kommt, wird man nämlich in der Mehrzahl der Fälle Drehstrom beziehen, da bei dieser Stromart die Übertragung großer Energiemengen auf weite Entfernungen durch Heraufsetzung der Spannung in ruhenden Apparaten ohne nennenswerte Verluste möglich ist. Nur ganz selten wird ein öffentliches Elektrizitätswerk dem Verbraucher Gleichstrom zu günstigen Tarifen zur Verfügung stellen.

Bei Eigenerzeugung der Energie, wie sie in größeren Werken mit Rücksicht auf die Verkopplung der Kraft- und Wärmewirtschaft gelegentlich vorkommt, wird man in neuzeitlich eingerichteten Anlagen schon mit Rücksicht auf einen Reserveanschluß an ein öffentliches Elektrizitätswerk ebenfalls ein Drehstromsystem wählen. Eine gewisse Berechtigung hat der Gleichstrom nur dann, wenn in einem Betriebe zahlreiche Motoren vorhanden sind, deren Drehzahl betriebsmäßig in weiten Grenzen geregelt werden muß.

Dies kann bei geeigneter Wahl der Typen bei Gleichstrom verlustlos erfolgen, während bei der Widerstandsregelung von Drehstrom-Asynchron-Motoren ein Teil der Energie in den Widerständen vernichtet wird. Man findet daher in einigen Zweigen der Nahrungsmittel-Industrie, z. B. in den Brauereien, Anlagen, die Gleichstrom in eigenen Zentralen erzeugen bzw. vorhandenen Drehstrom in Gleichstrom umformen. Auf keinen Fall ist es jedoch empfehlenswert, nur mit Rücksicht darauf, daß ein geringer Teil der in der ganzen Anlage vorhandenen Motoren in der Drehzahl regelbar sein muß, nun auch für den Anschluß aller Motoren den Gleichstrom zu wählen.

Grundsätzliche Bedenken gegen die Wahl von Drehstrom für die regelbaren Antriebe bestehen nicht. Außer der Widerstandsregelung von Asynchronmotoren hat man auch bei dieser Stromart noch verschiedene andere Möglichkeiten der Veränderung der Drehzahl, auf die in späteren Abschnitten noch hingewiesen werden wird.

Zusammenfassend kann man also sagen, daß man in kleineren Betrieben in der Regel Drehstrom wählen und auch die wenigen regelbaren Antriebe mit dieser Stromart betreiben wird. In größeren Anlagen, in denen ein Teil der Motoren für Drehzahlregelung eingerichtet sein muß, wird man für Gleich- und für Drehstrom eine Wirtschaftlichkeitsberechnung aufstellen, gleichgültig, ob die Energie selbst erzeugt oder von einem Elektrizitätswerk bezogen wird.

Bei Verwendung von Drehstrom ist nämlich bei Wahl von regelbaren Gleichstrom-Motoren die Aufstellung von Drehstrom-Gleichstrom-Umformern notwendig. Alle diese Umformer verursachen Energieverluste und zusätzliche Kosten für Verzinsung und Abschreibung des Anlagekapitals. Ihre Gesamtbetriebskosten, bestehend aus den Stromkosten und den Kosten für den Kapitaldienst, fallen also besonders ins Gewicht, wenn nur verhältnismäßig kurze Zeit mit verminderter Drehzahl gefahren wird. Da derartige Fälle in der Nahrungsmittel-Industrie häufig sind, wird eine Wirtschaftlichkeitsberechnung, in der die tatsächlichen Zeiten des Betriebes mit verminderter Drehzahl eingesetzt werden, fast immer ergeben, daß sich die kostspielige Umformung des Drehstromes in Gleichstrom nicht lohnt. Jedenfalls sollte man auch aus praktischen Gründen ohne zwingende Notwendigkeit zwei Stromsysteme in einer Anlage vermeiden.

Bei der Wahl der Spannung muß man sich darüber klar sein, daß die Stromstärke, für die die Kabelleitungen, Schalter und Sicherungen zu bemessen sind, im umgekehrten Verhältnis zu der Betriebsspannung steht. Ein Motor hat z. B. bei Anschluß an 190 Volt doppelte Stromstärke wie ein Motor gleicher Leistung für Anschluß an 380 Volt. Eine zu niedrig gewählte Spannung wirkt sich demnach in bezug auf die Anlagekosten verteuernd aus.

Während man früher bei Wahl höherer Spannungen, insbesondere in feuchten Räumen, das Auftreten von Erdschlüssen befürchtete, sind derartige Bedenken heute gegenstandslos. Die Elektro-Industrie ist in der Lage, das Installationsmaterial so auszubilden, daß eine schädliche Beeinflussung durch Luftfeuchtigkeit, ebenso wie eine zufällige Berührung spannungführender Teile durch das Bedienungspersonal vollkommen ausgeschlossen ist. Es besteht daher keine Notwendigkeit mehr, die Anlagekosten durch Wahl niedriger Spannungen unnötig zu erhöhen. Ohne die Sicherheit der Anlage zu beeinträchtigen, kann man Gleichstrom bis 440 Volt bzw. bei Drehstrom eine verkettete Spannung bis 500 Volt wählen.

Beispielsweise sind mehrere Zuckerfabriken, bei denen in einigen Betriebsabteilungen infolge des Feuchtigkeitsgehaltes der Luft an die elektrischen Einrichtungen starke Anforderungen gestellt werden, mit einer Drehstromspannung von 500 Volt einwandfrei in Betrieb.

Die meisten Anlagen in der Nahrungsmittel-Industrie werden mit der von den Elektrizitätswerken gewöhnlich zur Verfügung gestellten Drehstromspannung von 380 Volt arbeiten. In allen Fällen muß man aber voraussetzen, daß die Anlagen unter sorgfältiger Beachtung der neuesten „Vorschriften nebst Ausführungsregeln für die Errichtung von Starkstromanlagen mit Betriebspannungen unter 1000 Volt, V. E. S. 1/1930" des Verbandes deutscher Elektrotechniker erstellt und auch während des Betriebes sorgfältig und sachgemäß gewartet werden.

Bei der Wahl einer verketteten Drehstromspannung von 380 Volt für die Motoren besteht die Möglichkeit, die Lampen mit 220 Volt an einen Außenleiter und den Nulleiter anzuschließen. Hierbei ist es notwendig, daß die Stromerzeuger in Stern geschaltet sind, und daß vom Nullpunkt eine Leitung durch die ganze Anlage geführt wird.

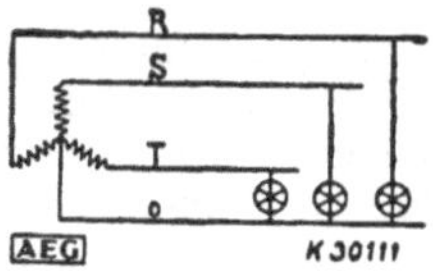

Bild 1. Drehstromsystem mit Nulleitung

Zur Erläuterung diene Bild 1, in dem ein derartiger Stromerzeuger (mit herausgeführtem Nullpunkt) schematisch dargestellt ist. Die zwischen zwei Hauptleitungen „R", „S" und „T" herrschende Spannung des Drehstromsystems heißt die verkettete Spannung oder die Hauptspannung. Die zwischen dem vom Mittelpunkt des Sternes ausgehenden Nulleiter und den Hauptleitungen herrschende Spannung heißt Phasenspannung. Die Hauptspannung ist in Drehstromnetzen gleich der Phasenspannung $\times \sqrt{3} = 1{,}73$. Daraus erklärt es sich, daß bei einer verketteten Spannung von 380 Volt zwischen Phase und Nulleiter eine Spannnng von 220 Volt herrscht.

Für die Beleuchtungsanlagen in feuchten Räumen lassen die Errichtungs-Vorschriften nur Spannungen bis höchstens 250 Volt gegen Erde zu. Bei der Wahl einer Betriebspannung der Motoren von 500 Volt (= rund 290 Volt Phasenspannung) muß daher ein besonderer kleiner Transformator für die Beleuchtungsanlage aufgestellt werden, der die höhere Betriebspannung auf 220 oder 110 Volt herabsetzt. Eine derartige Trennung des Kraftnetzes vom Lichtnetz hat u. a. den Vorteil, daß bei einer möglichen Störung durch die Motorenanlage das Lichtnetz unbeeinflußt bleibt.

Wenn man nun auch voraussetzt, daß in neuzeitlich eingerichteten Anlagen das Material für die Kraftstromverteilung sorgfältig ausgewählt wird, so muß man doch darauf achten, daß bei Auftreten eines Körper- oder Erdschlusses in der elektrischen Anlage alle Metallteile unter Spannung gegen Erde gesetzt werden können: beim Berühren dieser Teile fließt ein Strom durch den Körper, der zu erheblichen Schädigungen führen kann. Auch alle betriebsmäßig nicht spannungführenden Eisenteile der Anlage sollen daher Schutz gegen zu hohe Berührungspannung erhalten, wenn die Möglichkeit einer besonderen Gefährdung vorliegt.

Nach den Errichtungs-Vorschriften werden derartige Schutzmaßnahmen bei Spannungen von mehr als 250 Volt gegen Erde überall verlangt, während sie unterhalb dieser Grenze in feuchten Räumen Verwendung finden müssen, da hier der Übergangs-Widerstand des Menschen zur Erde durch die Feuchtigkeit wesentlich herabgesetzt wird.

Die zur Verfügung stehenden Schutzmaßnahmen sind: Isolierung, Kleinspannung, Erdung, Nullung und Schutzschaltung.

Bei der Isolierung wird das Überbrücken einer bedenklichen Berührungsspannung durch eine isolierende Umkleidung der zugänglichen blanken Teile (Schaltergriffe, Handräder usw) oder aber durch Wahl eines isolierenden Fußbodenbelages oder dgl. verhindert.

Die zweite Gruppe erzielt den Schutz dadurch, daß das Auftreten von zu hohen Berührungspannungen durch Herabsetzung auf sogenannte Kleinspannung durch Transformatoren unmöglich gemacht wird.

Der erforderliche Schutz wird bei der Erdung dadurch erzielt, daß alle Eisenteile der Anlage (Motoren- und Anlassergehäuse, Schaltkasten usw.) an eine Erdungsleitung und bei der Nullung an die Nullungsleitung angeschlossen werden.

Bei Wahl einer Schutzschaltung wird die Fehlerstelle durch die Auslösevorrichtung eines Schutzschalters abgetrennt.

Die am häufigsten angewandten Schutzarten sind Erdung oder Nullung. Wann die eine oder andere Maßnahme zweckmäßig zu wählen ist, kann nicht grundsätzlich angegeben werden; dies hängt vielmehr von der Betriebspannung, Art der Energieversorgung, von der räumlichen Anordnung der Anlage usw. ab. Eine gute Erdung erzielt man im allgemeinen durch Anschluß an die Wasserleitung. Der Erdungswiderstand soll möglichst niedrig sein. Bei der Nullung muß der Widerstand des Nullungsleiters so gering bemessen sein, daß bei einem Kurzschluß zwischen diesem und einem Außenleiter mindestens der 2,5fache Nennstrom der nächsten, vorgeschalteten Sicherung auftritt, damit diese mit Sicherheit zum Abschmelzen gebracht wird und

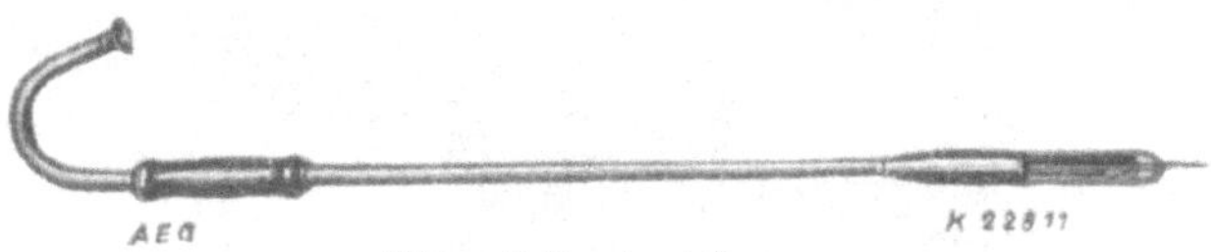

Bild 2. Faßausleuchtlampe

den fehlerhaften Stromkreis abschaltet. Reine Erdung ohne Verbindung mit dem Nullungsleiter in genullten Anlagen ist unzulässig. Der Nullungsleiter muß so sorgfältig verlegt sein, daß eine Unterbrechung nicht zu erwarten ist.

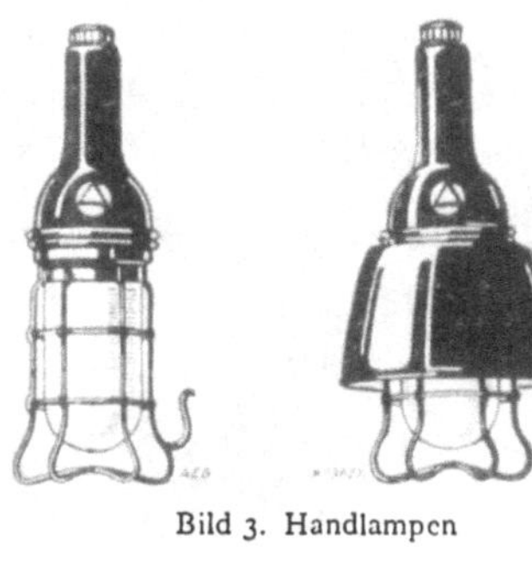

Bild 3. Handlampen

Bei dieser Gelegenheit sei noch kurz erwähnt, daß für die Ausführung der Handlampen und der vielfach benötigten Faßausleuchtlampen (Bild 2) besondere Vorschriften bestehen, um dem Arbeiter einen einwandfreien Schutz gegen Berührung spannungsführender Teile zu gewähren. Bei diesen Lampen müssen Körper und Griff aus Isolierstoff bestehen, der den im Betrieb auftretenden Beanspruchungen vollauf gewachsen ist. Außerdem muß jeder Handleuchter je nach dem Verwendungszweck mit Schutzglas oder Schutzkorb oder mit beiden Vorrichtungen (Bild 3) versehen sein.

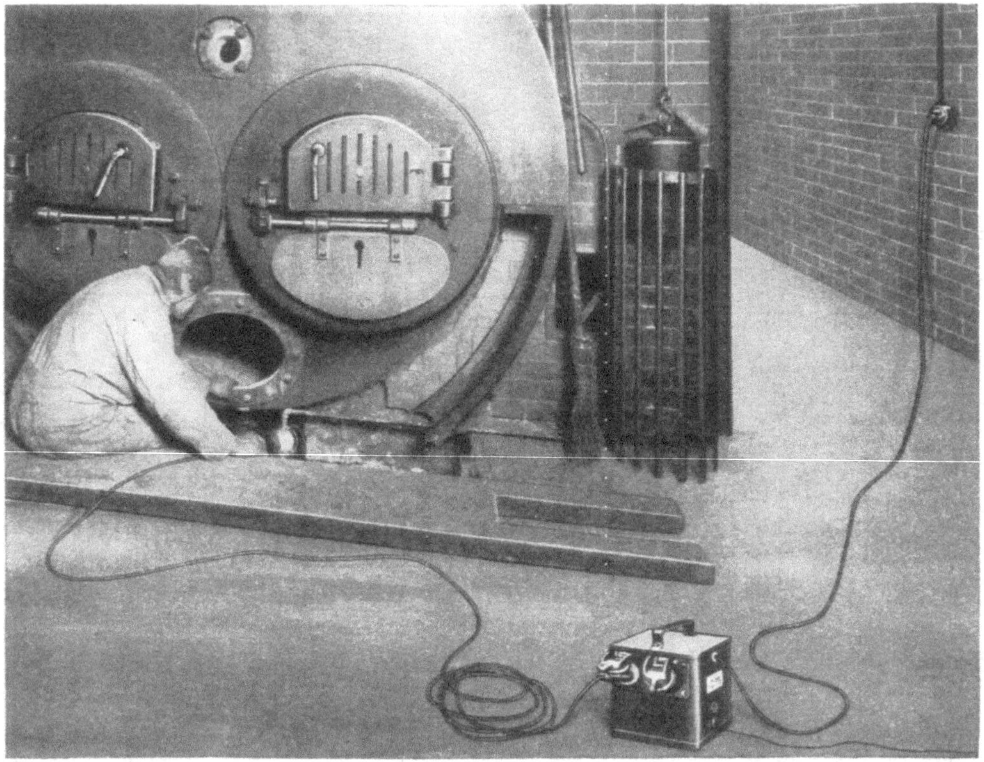

Bild 4. Schutztransformator für den Anschluß von Handlampen

Für Faßausleuchtlampen und für die Handlampen, welche zur Ausführung von Arbeiten innerhalb von Kesseln und ähnlichen engen Räumen mit gut leitenden Bauteilen Verwendung finden, schreiben die Errichtungs-Vorschriften eine höchstzulässige Spannung von 42 Volt (Kleinspannung) vor. Der direkte Anschluß derartiger Lampen an die Lichtstecker ist daher nicht zulässig. Man muß in Drehstromanlagen die höhere Spannung durch Zwischenschaltung eines Schutz-Transformators (Bild 4) auf den vorgeschriebenen Wert herabsetzen. In Gleichstromanlagen wird für die Speisung dieser Lampen eine Akkumulatorenbatterie bzw. eine solche aus Trockenelementen verwendet.

Anschluß an ein Elektrizitätswerk und Eigenzentrale.

Die erforderliche elektrische Energie kann entweder in einer eigenen Zentrale erzeugt oder von einem Elektrizitätswerk bezogen werden. Welche Art der Stromversorgung wirtschaftlicher ist, kann in jedem Einzelfalle nur ermittelt werden, wenn man den Herstellungspreis für die selbsterzeugte Kilowattstunde mit dem an das Elektrizitätswerk zu zahlenden Betrag vergleicht. Derartige Selbstkostenberechnungen müssen unter Berücksichtigung der tatsächlich vorliegenden Betriebsverhältnisse und aller irgendwie in Betracht kommender Faktoren aufgestellt werden.

Die Tarife der Elektrizitätswerke enthalten vielfach Klauseln, nach denen der Blindleistungsverbrauch (Blindleistungsgebühr, Scheinleistungstarif usw.) oder die Überschreitung eines Höchststromes (Spitzenstromentnahme u. dgl.) besonderen Berechnungen unterliegen. Andererseits besteht bei Fremdstrombezug die Möglichkeit, den in der Regel verbilligten Nachtstrombezug wirtschaftlich auszunutzen.

Bei Eigenanlagen machen die festen Kosten für Verzinsung und Tilgung des Anlagekapitales einen erheblichen Teil der Selbstkosten aus. Außerdem ist es notwendig, die voraussichtlich zu erzeugende Energiemenge, auf die sich die festen Kosten verteilen, annähernd richtig zu ermitteln. Es ist einleuchtend, daß deren Anteil an den Gestehungskosten einer kWh um so geringer wird, je größer die in der Anlage erzeugte Strommenge, d. h. je größer der Ausnutzungsgrad der Anlage ist. Werden in einer solchen Berechnung die Betriebstundenzahlen und Belastungsverhältnisse zu hoch eingesetzt, so erhält man viel zu günstige Werte, die im praktischen Betrieb nie erreicht werden können.

Bezieht man die elektrische Energie in Form von Drehstrom von einem Elektrizitätswerk, so wird man sich gewöhnlich zwischen einem Hoch- oder einem Niederspannungsanschluß zu entscheiden haben. In der Regel sind die Hochspannungstarife günstiger, man muß jedoch eine Transformatorenstation (erhöhtes Anlagekapital!) errichten, um den hochgespannten Strom auf die Betriebspannung herabzusetzen. Ein Niederspannungsanschluß dagegen ist billig in der Anlage, bedingt jedoch meistens höhere Strompreise. Hochspannungsanschluß kommt daher für Betriebe mit großer Benutzungsdauer in Frage, Niederspannungsanschluß für solche mit geringer, aussetzender Ausnutzung.

Als Antriebsmaschinen für die Stromerzeuger in Eigenzentralen stehen — abgesehen von den wenigen Stellen, in denen Wasserkräfte ohne hohe Kosten ausgebaut werden können — Turbo- oder Kolben-Dampfmaschinen, stehende Dieselmotoren und unter gewissen Voraussetzungen auch Gasmaschinen in Verbindung mit Sauggasanlagen zur Verfügung.

Eine Dampfkraftanlage wird man wählen, wenn für die Beheizung von Arbeitsmaschinen, Wärmeräumen oder sonst für den Fertigungsgang Dampf benötigt wird, der dann durch geeignete Entnahme an der Hauptmaschine gewonnen werden kann. In diesem Falle ist die Aufstellung einer Anzapf- oder Gegendruckmaschine, sei es in Form einer Kolbenmaschine oder einer Turbine, zu erwägen. Anzapfmaschinen gestatten eine von der Maschinenleistung unabhängige Entnahme von Dampf, bei Gegendruckmaschinen hingegen müssen Leistung und Dampfentnahme in einem bestimmten Verhältnis zueinander stehen.

Turbinen, die neuerdings auch für kleinere Leistungen bis herab zu etwa 50 kW gebaut werden, zeichnen sich gegenüber den Kolbendampfmaschinen durch Billigkeit in der Anschaffung, geringen Raumbedarf, kleine Fundamente, geringe Wartungs- und Unterhaltungskosten und vor allen Dingen durch ölfreien Abdampf aus.

Bei allen Dampfkraftmaschinen ist zu beachten, daß bei der Selbstkostenberechnung Zuschläge für Anheizen, Durchbrand an Sonn- und Feiertagen usw. zu den von der Herstellerfirma angegebenen Verbrauchszahlen (s. Tafel 1 und 2) zu machen sind. Außerdem ist zu berücksichtigen, daß der spezifische Dampf- bzw. Kohlenverbrauch (d. h. der Verbrauch je erzeugte kWh bzw. PS-Std.) bei Teilbelastungen steigt.

Dieselmotoren zeichnen sich durch Fortfall der Kohlenzufuhr und Aschenbeseitigung, geringe Ansprüche an die Bedienung und durch ihre stete Betriebsbereitschaft aus. Sie benötigen keine Anheizzeiten und brauchen nur während der Zeit tatsächlicher Kraftabgabe zu laufen. Brennstoffverluste für An- oder Durchlaufen entfallen bei ihnen. Auch unterliegen sie nicht den einengenden Konzessionsbedingungen wie die Kessel. Bei den Dieselmotoren liegt der spezifische Brennstoffverbrauch bei Teillasten ebenfalls

Leistungen in eff. PS		Ohne Kondensation	Leistungen in eff. PS		Mit Kondensation
Normalleistung	Größte Dauerleistung	Dampfverbrauch in kg je eff. PS-std	Normalleistung	Größte Dauerleistung	Dampfverbrauch in kg je eff. PS-std
18	24	7,5 - 8	50	72	5,2—5,5
35	44	7,2—7,5	80	118	5—5,2

Tafel 1: Ungefähre Mittelwerte für den Dampfverbrauch von Verbund-Heißdampf-Lokomobilen.

Art des Brennstoffes	Heizwert in Kalorien	1 kg Brennstoff verdampft Wasser (in kg) bei einem Wirkungsgrad von etwa 65 v. H	etwa 80 v. H.
Hochwertige Steinkohle . .	7 500	7,7	9,35
Minderwertige Steinkohle .	4 500	4,5	5,5
Koks	6—7 000	6—7	7,5—8,5
Braunkohlen	4—5 000	4—5	5—6
Torf, trocken	3—4 000	3—4	3,7—4,95
Holz	2 500—3 000	2,5—3	—

Tafel 2: Umrechnungswerte für die Bestimmung der erforderlichen Kohlenmengen aus den Dampfverbrauchsziffern. (Nur für gleichmäßig und günstig ausgenutzte Anlagen gültig. Bei ungleichmäßiger Ausnutzung sind entsprechende Zuschläge zu machen.)

Leistung	100 PS	30 PS	10 PS
	Verbrauch je PS-std in g		
Bei 1/1 Belastung	180	210	210
Bei 3/4 Belastung	185	210	215
Bei 1/2 Belastung	210	250	250
Bei 1/4 Belastung	240	320	350

Tafel 3: Ungefähre Mittelwerte für den Brennstoffverbrauch von kompressorlosen Dieselmotoren.

höher als bei Vollast (Tafel 3). Infolge der beschriebenen Betriebseigenschaften verwendet man sie mit Vorteil bei beschränkten Raumverhältnissen sowie in Gegenden, in denen infolge schlechter Verkehrsverbindungen der Kohlenpreis durch hohe Frachtkosten sehr belastet wird, ganz besonders auch als Reserveaggregate, die jederzeit für Spitzendeckung zur Verfügung stehen.

Ist die Leistung der Kraftmaschine bekannt, so errechnet sich die Leistung des angetriebenen Stromerzeugers (Generators) nach der Formel:

$$kW = N \times \eta \times 0{,}736$$

worin N die Leistung in PSe der Kraftmaschine und η den Wirkungsgrad des Generators bedeuten. In Drehstromanlagen ist dann noch der Leistungsfaktor (cos φ) zu berücksichtigen, der in Betrieben der Nahrungsmittel-Industrie erfahrungsgemäß durchschnittlich 0,6 bis 0,7 beträgt, wenn keine Verbesserung des Leistungsfaktors vorgesehen wird. Demnach gilt für Drehstromgeneratoren:

$$kVA = \frac{N \times \eta \times 0{,}736}{\cos \varphi}.$$

Der Generator kann von der Kraftmaschine über Riemen- oder Seiltriebe angetrieben oder mit dieser direkt gekuppelt werden. Im erstgenannten Fall kann ein schnellaufender, demnach billiger Generatortyp gewählt werden, es ist jedoch mit Riemen- oder Seilübertragung ein Kraftverlust verbunden sowie ein größerer Platzbedarf erforderlich, wodurch Ersparnisse am Generator durch die Kosten für die größeren Baulichkeiten ausgeglichen werden können. Bei direkter Kupplung hingegen wird gedrängte und doch gefällige Bauart erreicht. Alle der Abnutzung oder Bedienung unterworfenen Teile sind leicht zugänglich, überflüssige Lager, Kupplungen, Zusatzschwungräder und dgl. werden vermieden. Turbinen mit kleineren Leistungen werden mit dem Generator meistens unter Zwischenschaltung eines Zahnradgetriebes gekuppelt, welches die wirtschaftlich höher liegenden Turbinendrehzahlen auf die wirtschaftlich besten Generatordrehzahlen von 1000 U/min. bzw. 1500 U/min. verringert.

Die Drehzahl einer elektrischen Maschine ist nach der Gleichung:

$$n = \frac{\nu \times 60}{p}$$

abhängig von der Frequenz v und der Polpaarzahl p der Maschine. Bei der in Deutschland üblichen Frequenz von 50 Hertz sind für Drehstromgeneratoren die in Tafel 4 zusammengestellten Drehzahlen erforderlich. Höhere Periodenzahlen erfordern proportional höhere Drehzahlen, geringere Periodenzahlen proportional geringere Drehzahlen. Gleichstromgeneratoren können für jede beliebige Drehzahl gebaut werden. Es haben sich jedoch auch für diese die für Drehstromgeneratoren für 50 Hertz normalen Drehzahlen als normal eingebürgert.

Anzahl der Polpaare p	40	36	32	28	24	20	18	16	14
Drehzahl U/min . . .	75	83	94	107	125	150	167	188	214
Anzahl der Polpaare p	12	10	8	6	5	4	3	2	1
Drehzahl U/min . . .	250	300	375	500	600	750	1 000	1 500	3 000

Tafel 4: Normale Drehzahlen von Drehstrommaschinen bei einer Frequenz von 50 Hertz. (Nach den REM/1930.)

Bei der Ermittlung der Kosten der in einer Eigenzentrale selbsterzeugten Kilowattstunde wird häufig von falschen Überlegungen und Voraussetzungen ausgegangen. Es sei daher nachstehend an einem Beispiel gezeigt, welche hauptsächlichsten Punkte bei der Durchführung einer derartigen Wirtschaftlichkeitsberechnung zu berücksichtigen sind. Die hier eingesetzten Zahlenwerte erheben natürlich keinen Anspruch auf Allgemeingültigkeit, es soll nur gezeigt werden, wie bei einer derartigen Rechnung vorzugehen ist.

Da in kleinen und mittleren Betrieben vielfach die Anschaffung eines Dieselmotors erwogen wird, soll das Rechnungsbeispiel für diesen Fall durchgeführt werden. Es sei angenommen, daß es sich um einen Betrieb handelt, dessen Spitzenleistung mit etwa 65 kW ermittelt wurde. Unter Berücksichtigung des Wirkungsgrades des durch den Dieselmotor anzutreibenden Generators von etwa 88 v. H. würde sich die erforderliche Antriebsleistung des Dieselmotors zu etwa 100 PS ergeben.

Schon bei der Ermittlung der Leistung muß man sehr sorgfältig vorgehen, denn ein zu reichlich gewähltes Aggregat arbeitet, während des größten Teiles seiner Betriebszeit mit ungünstigem Wirkungsgrad und dementsprechend hohem Brennstoffverbrauch. Selbstverständlich muß der Generator in der Lage sein, die bei voller Belastung der Anlage auftretenden Spitzen zu decken. Man kann es daher nicht vermeiden, daß der Stromerzeuger im Durchschnitt nur mit einem gewissen Teilbetrage seiner vollen Leistung belastet ist. Die Rechnung sei daher für drei Fälle durchgeführt, und zwar mit 25 v. H., 50 v. H. und 75 v. H. Ausnutzung. Bei 65 kW Generatorleistung ergibt sich dann bei täglich achtstündigem Betrieb

für 25 v. H. Ausnutzung:	65 kW × 0,25 × 8 h/Tag × 300 Tage/Jahr = 39000 kWh
für 50 v. H. Ausnutzung:	65 kW × 0,50 × 8 h/Tag × 300 Tage/Jahr = 78000 kWh
für 75 v. H. Ausnutzung:	65 kW × 0,75 × 8 h/Tag × 300 Tage/Jahr = 117000 kWh

Die Erzeugungskosten für die kWh setzen sich zusammen aus dem Kapitaldienst, d. h. aus den Kosten für Verzinsung und Abschreibung des Anlagekapitals, Kosten für die Versicherung der Anlage und den Betriebskosten, d. h. den Kosten für Unterhaltung und Bedienung der Anlage, für Brennstoff, Schmieröl, Putzmaterial und Kühlwasser.

Die Gesamtanlagekosten setzen sich zusammen aus:

den Kosten für den Dieselmotor	RM 15400.—	
Verpackung mit 2 v. H. der Motorkosten angenommen	RM 308.—	
Fracht und Anfuhr mit 2 v. H. der Motorkosten angenommen	RM 308.—	
Montage mit etwa 6 v. H. der Motorkosten angenommen	RM 924.—	
Zubehör, wie Rohrleitungen, Brennstoffbehälter, Hebezeuge usw. mit 10 v. H. der Motorkosten angenommen	RM 1540.—	RM 18480.—
den Kosten für den Generator mit Zubehör und Schaltanlage	RM 4700.—	
Verpackung, Fracht, Montage, wofür die oben angegebenen v. H.-Sätze angenommen wurden	RM 470.—	RM 5170.—
Kosten der Maschinenanlage		RM 23650.—
Kosten für die Fundamente bei einem Preise von etwa RM 60.— für 1 cbm Beton . . .	RM 1000.—	
Kosten für die Gebäude bei etwa 60 qm Grundfläche des Maschinenraumes, falls keine vorhandenen Räume benutzt werden können .	RM 6000.—	RM 7000.—
Die Gesamtanlagekosten betragen demnach .		RM 30650.—

Kapitaldienst pro Jahr:

Verzinsung des Anlagekapitals 6 v. H.	RM	1 839.—		
Abschreibung der Maschinen bei einer Abschreibungsdauer von 15 Jahren und 6 v. H. Verzinsung ergibt einen Annuitätssatz von 4,3 v. H.	RM	1 016.95		
Abschreibung der Gebäude 2 v. H.	RM	140.—	RM	2 995.95
Versicherung der Anlage 1,5 v. H.			RM	459.75
Kosten für den Kapitaldienst pro Jahr . . .			RM	3 455.70

Betriebskosten pro Jahr:

Ausnutzungsfaktor des Generators	25 v. H.	50 v. H.	75 v. H.
Unterhaltung der Maschinen 1. v. H.	236,50	236,50	236,50
Unterhaltung der Gebäude 1 v. H.	70,—	70,—	70,—
Bedienung der Maschinen bei einem durchschnittlichen Satz von RM 0.75 pro h . .	1 800,—	1 800, –	1 800,—
Brennstoffkosten bei einem Preis des Gasöls von RM 11.50/100 kg und einem Verbrauch nach Tafel 3:			
39 000 kWh × 0,240 kg/kWh × 0,115 RM/kg .	1 076,40		
78 000 kWh × 0,210 kg/kWh × 0,115 RM/kg .		1 883,70	
117 000 kWh × 0,185 kg/kWh × 0,115 RM/kg .			2 489,20
Schmierölkosten bei einem Verbrauch von 3 g/PSeh und einem Preis von RM 55.—/100 kg:			
100 PSe × 0,25 × 8 h/Tag × 300 Tage/Jahr × 3 g/PSeh × 0,00055 RM/g	99,—		
100 × 0,50 × 8 × 300 × 0,00055		198,—	
100 × 0,75 × 8 × 300 × 0,00055			297,—
Putzmaterial angenommen mit etwa . . .	80,—	80, –	80,—
Kühlwasserverbrauch angenommen mit 12 l/PSeh und einem Preis von 0.10 RM/cbm:			
100 PSe × 0,25 × 8 h/Tag × 300 Tage/Jahr × 12 l/PSeh × 0.0001 RM/l	72, –		
100 × 0,50 × 8 × 300 × 12 × 0,0001		144,—	
100 × 0,75 × 8 × 300 × 12 × 0,0001			216,—
Gesamtbetriebskosten	3 433,90	4 412,20	5 188,70

Erzeugungskosten:	25 v. H.	50 v. H.	75 v. H.
Kapitaldienst	3 455,70	3 455,70	3 455,70
Betriebskosten	3 433,90	4 412,20	5 188,70
Erzeugungskosten pro Jahr	6 889,60	7 867,90	8 644,40
Erzeugung pro Jahr in kWh	39 000	78 000	117 000
$\frac{\text{Erzeugungskosten/Jahr} \times 100}{\text{Erzeugung in kWh pro Jahr}} = \frac{\text{Kosten einer}}{\text{kWh in RM}}$	17,66	10,09	7,39

Man ersieht aus diesem Zahlenbeispiel, welchen wesentlichen Einfluß der Ausnutzungsfaktor der Anlage auf die Kosten der selbsterzeugten kWh hat. In den Betrieben der Nahrungsmittelindustrie ist erfahrungsgemäß mit einem solchen von 50—60 v. H. zu rechnen.

Wenn also die an das Elektrizitätswerk zu zahlenden Kosten der kWh (einschließlich aller Nebenkosten) unter diesen für die selbsterzeugte kWh errechneten Beträgen liegen, wird man sich für Fremdstrombezug entscheiden. Vielfach wird man jedoch auch bei höheren Stromkosten Fremdstrombezug vorziehen, um die Investierung hoher Beträge für eine Eigenzentrale zu vermeiden und um weiterhin jederzeit eine ausreichende Kraftreserve zur

Bild 5. Anzapfturbine mit direkt gekuppeltem Generator für 1100 kW, 6300 Volt, 50 Hertz, in der Schokoladenfabrik Mauxion, Saalfeld

Bild 6. 1000 kVA-Turbogenerator für Drehstrom 5000 Volt, 50 Hertz, mit Schaltanlage und Drehstrom-Gleichstrom-Umformern in der Spatenbrauerei, München

Verfügung zu haben, die bei dem vorstehenden Rechnungsbeispiel noch nicht einmal berücksichtigt wurde.

Beispiele für die Ausführung von Dampfkraft- und Dieselzentralen, wie auch für Transformatorenstationen seien in den nachstehenden Bildern gezeigt.

Bild 5 gibt einen Einblick in die Zentrale einer Schokoladenfabrik. Es handelt sich hier um eine Anzapfturbine mit direkt gekuppeltem Generator für 1100 kW bei 3000 U/min für die Erzeugung von Drehstrom 6300 Volt, 50 Hertz, für Betrieb mit gleichmäßig überhitztem Dampf von 18 atü und einer Dampfeintrittstemperatur von 350° C. Durch die Anzapfung ist eine stündliche Dampfentnahme von 2400 kg bei einem Gegendruck von 3 atü für Koch- und Heizzwecke ermöglicht.

Ein weiteres Beispiel einer Eigenerzeugungsanlage gibt Bild 6. Der Turbogenerator dient zur Versorgung der Stromverbraucher einer großen

Bild 7. Einankerumformer in Stehlagerausführung

Bild 8. Quecksilberdampf-Glasgleichrichter

Bild 9. Eisengleichrichter

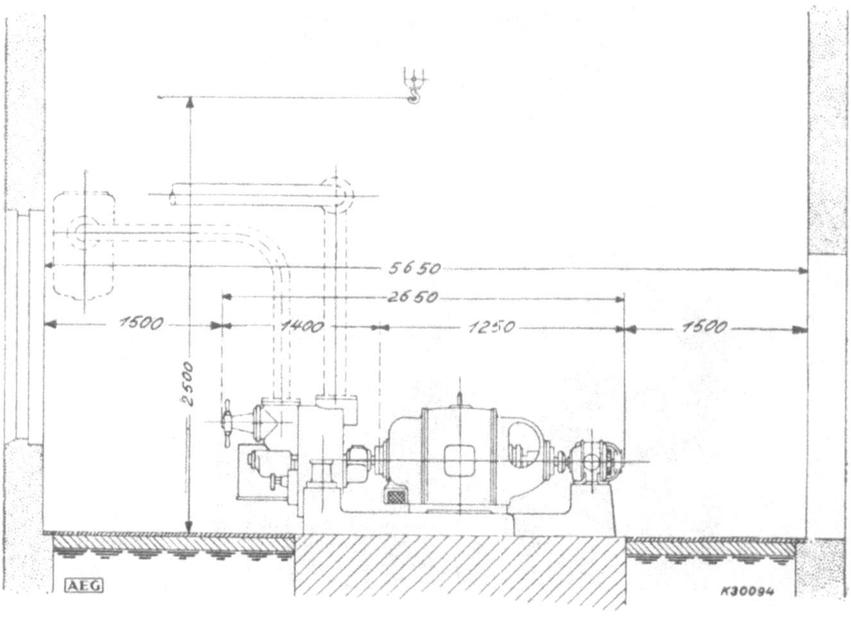

Bild 10a. Raumbedarf eines 100 kW-Turbogenerators. Aufriß

Brauerei und hat eine Leistung von 1000 kVA bei 5000 Volt, 50 Hertz. Im Hintergrund sind die Motorgeneratoren zur Umformung der erzeugten Drehstromenergie in Gleichstrom für die regelbaren Gleichstrommotoren der Anlage und weiterhin die Hochspannungsschaltanlage zu erkennen.

Für die Umformung von Drehstrom in Gleichstrom dienen neben den Motorgeneratoren, die aus 2 Maschinen bestehen, und zwar einem am Drehstromnetz liegenden Motor und einem mit ihm direkt gekuppelten Gleichstromgenerator, die Einankerumformer. Bei diesen ist der Drehstrom- und Gleichstromteil in einer Maschine vereinigt (Bild 7). Außer den umlaufenden Maschinen gibt es für diese Zwecke noch ruhende Apparate, die Quecksilberdampf-Gleichrichter. Sie werden als Glasgleichrichter (Bild 8) und für höhere Stromstärken als Eisengleichrichter (Bild 9) hergestellt und haben sich in neuerer Zeit wegen ihrer vielfachen Vorzüge (Fortfall der Fundamente, günstiger Wirkungsgrad auch bei Teillasten, Regelbarkeit usw.) gegenüber den umlaufenden Umformern immer mehr eingeführt.

Der Raumbedarf einer kleineren Turbinenzentrale mit einer Generatorleistung von etwa 100 kW einschließlich allen Zubehörs ist aus Bild 10 a und 10 b zu erkennen.

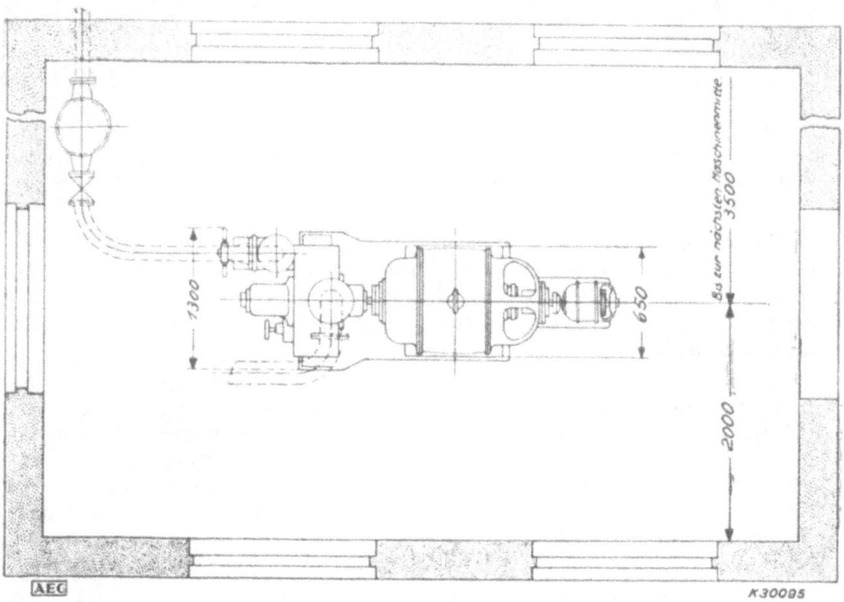

Bild 10 b. Raumbedarf eines 100 kW-Turbogenerators. Grundriß

Bild 11. Langsamlaufender Drehstrom-Generator, angetrieben von einem Dieselmotor. Schokoladenfabrik Tangermünde, Abteilung der Zuckerraffinerie Tangermünde, Fr. Meyers Sohn AG.

Bild 11 zeigt eine Anlage mit einem mit dem Generator direkt gekuppelten Dieselmotor, der in einer Schokoladenfabrik für Spitzendeckung bzw. bei Störungen im Fremdstrombezug dient.

Anordnung und Platzbedarf einer derartigen Dieselmotorenzentrale ersieht man aus Bild 12.

Wie unterschiedlich die Lösungen für die Anordnung und Ausbildung einer Kraftzentrale in der Nahrungsmittelindustrie sein können, sei der Vollständigkeit halber in Bild 13 gezeigt. Es ist hier eine liegende Dampfmaschine mit dem Hauptkraftverbraucher der Anlage, dem Kompressor, direkt gekuppelt, während der Stromerzeuger, der für die Versorgung der in den Betriebsräumen laufenden Elektromotoren dient, vom Schwungrad aus über Riemen angetrieben wird.

Bei Wahl eines Hochspannungsanschlusses an ein Elektrizitätswerk sind, wie bereits erwähnt, Transformatoren erforderlich, um die hochgespannte Energie auf die Betriebspannung der Motoren herabzusetzen. Transformatoren oder Umspanner sind ruhende Apparate, die keiner Wartung bedürfen und Drehstrom einer bestimmten zugeführten Spannung in Drehstrom anderer Spannung umwandeln. Sie können für beliebige Spannungsübersetzungen mit den in Tafel 5 nach den Regeln für die Bewertung und Prüfung von Transformatoren (R. E. T.) zusammengestellten Leistungen gebaut werden.

In der Hauptsache bestehen die Transformatoren aus einem ruhenden Eisenkern, auf dem zwei im allgemeinen voneinander getrennte Wicklungen untergebracht sind. Die Herabsetzung der Spannung geht also ohne jede mechanische Bewegung und somit ohne Materialabnutzung bei einem Mindestmaß an Verlusten vor sich. Für die hier vorliegenden Zwecke kommen fast ausschließlich Öltransformatoren

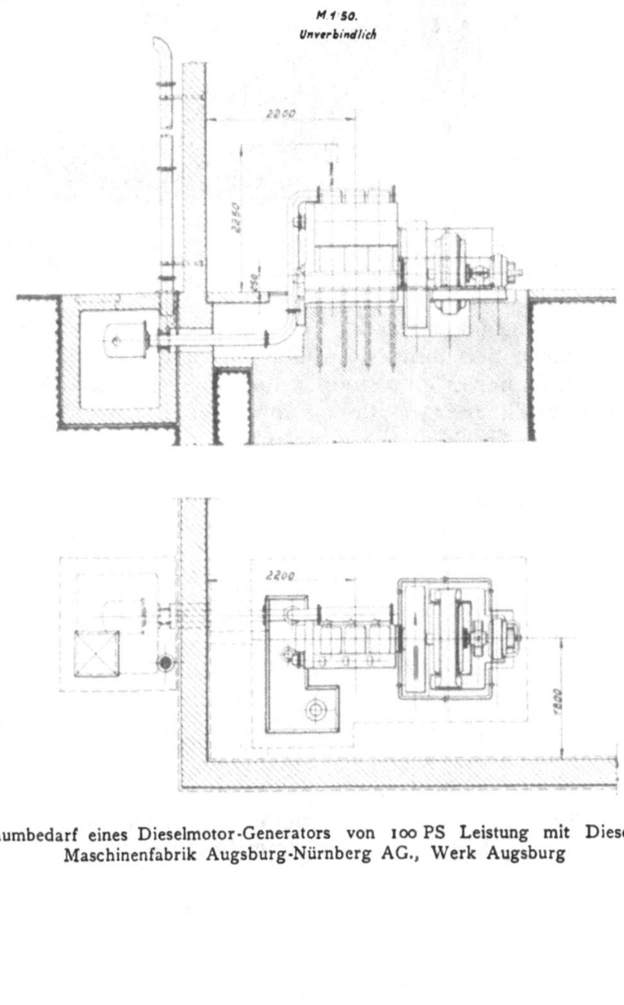

Bild 12. Raumbedarf eines Dieselmotor-Generators von 100 PS Leistung mit Dieselmotor der Maschinenfabrik Augsburg-Nürnberg AG., Werk Augsburg

Bild 13. Dampfmaschine mit direkt gekuppeltem Kältekompressor und über Riemenvorgelege angetriebenem Generator. Schokoladenfabrik Most G. m. b. H., Halle/S.

mit Selbstkühlung in Betracht, bei denen die Wicklungen unter Öl liegen und durch Strahlung des Ölkastens und natürlichen Zug gekühlt werden. Daneben gibt es noch für Sonderzwecke Öltransformatoren mit Fremdlüftung, Ölumlauf mit Fremdlüftung bzw. Wasserkühlung und die Trockentransformatoren.

	100	1 000	10 000
	125	1 250	usw.
5	160	1 600	
10	200	2 000	
20	250	2 500	
30	320	3 200	
50	400	4 000	
75	500	5 000	
	640	6 400	
	800	8 000	

Tafel 5: Genormte Transformator-Nennleistungen in kVA bei Drehstrom 50 Hertz.

Anordnung und Aufbau einer Transformatorenstation mit Kabelzuleitung zeigt Bild 14, für Freileitungseinführung und größere Leistungen Bild 15. Eine ausgeführte Anlage, in der Drehstrom von 6000 Volt, 50 Hertz auf 380 Volt umgeformt wird, läßt Bild 16 erkennen. Außer den Zellen mit den Transformatoren und dem Ölschalter ist im Hintergrund die Schalttafel zu erkennen, zu der die niedergespannte Energie beider Transformatoren geleitet wird, um von hier in die Betriebsräume verteilt zu werden.

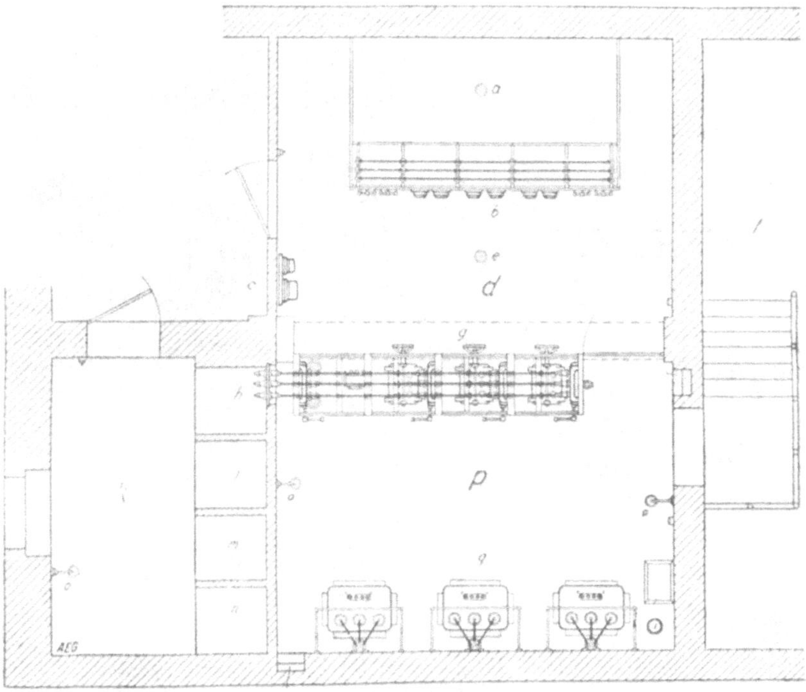

Bild 14. Anordnung einer Transformatorenstation für Kabeleinführung bei Einbau in ein vorhandenes Gebäude

a) Deckenlampe
b) Niederspannungs-Schalttafel
c) Zähler des Werkes
d) Niederspannungs-Schaltraum
e) Deckenlampe
f) Lichthof
g) Hochspannungs-Schaltanlage
h) Meßzelle
k) Hochspannungs-Schaltraum des Elektrizitäts-Werkes
l) Hauptölschalter
m) Kabel 2
n) Kabel 1
o) Wandarm
p) Hochspannungs- und Transformatoren-Schaltraum
q) Transformatoren

Größe der elektrischen Station

Um die Leistung der Eigenanlage oder der Übergabestation des Elektrizitätswerkes zu ermitteln, muß man die zu erwartende Höchst-

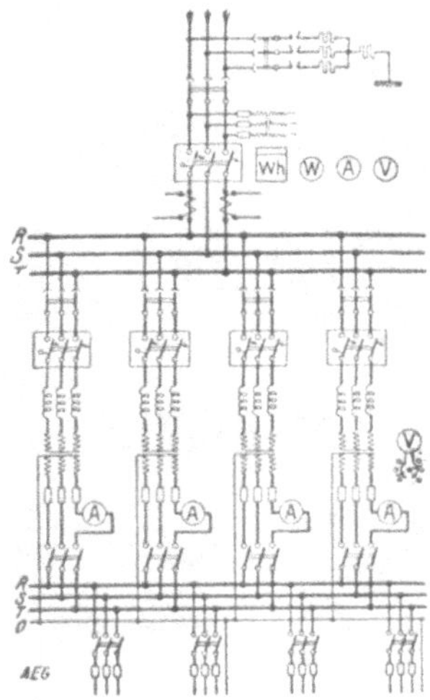

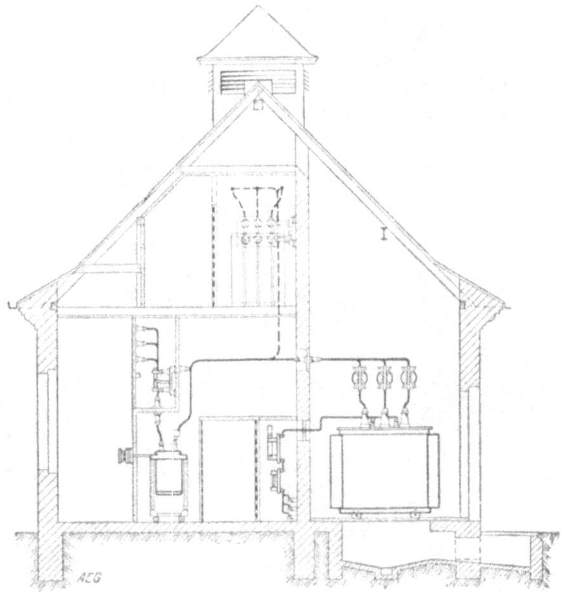

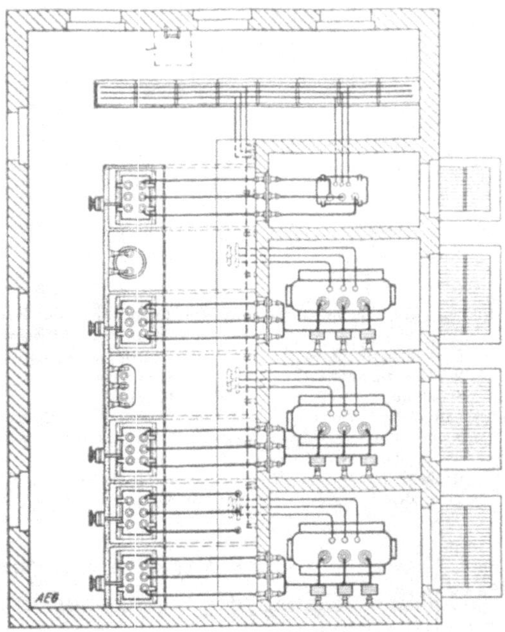

Bild 15. Transformatorenstation für größere Leistungen, mit Freileitungseinführung

Bild 16. Transformatorenstation der Zigarettenfabrik Abdulla & Co., G. m. b. H., Berlin

belastung kennen. Außerdem ist die Gestaltung des Betriebsablaufes wichtig, da sich aus ihm ermitteln läßt, ob und welche Unterteilung der Stromerzeuger oder Transformatoren angebracht ist. Man wird diese Unterteilung so wählen, daß bei betriebsmäßig verringertem Kraftbedarf ein Teil der Stromliefereinrichtungen zur Vermeidung von Verlusten stillgesetzt werden kann.

Für alle Zweige der Nahrungsmittelindustrie allgemein gültige Angaben über den Kraftbedarf zu machen, ist unmöglich, da die Verhältnisse je nach der Art der Betriebführung außerordentlich verschieden sind. Der Verbrauch an elektrischer Energie wird z. B. meist stark von Größe und Leistung der Kältekompressoren beeinflußt, da sie bei dem größten Teil der Betriebe der Nahrungsmittel-Industrie eine ausschlaggebende Rolle spielen. Ferner hat die Ausbildung und der Leistungsbedarf der Fördereinrichtungen, mag es sich nun um den Transport von flüssigen oder festen Gütern handeln, einen wesentlichen Anteil an der Gesamtbelastung der Anlage.

Um einen Anhalt für Neuanlagen zu haben, ist man daher vollkommen auf Messungen oder Erfahrungen in bestehenden Anlagen angewiesen, doch werden derartige Daten in vielen Betrieben als Fabrikgeheimnis betrachtet. Für eine wirtschaftliche Auslegung der Transformator- bzw. Generatoreinheiten ist es jedoch für den Elektroingenieur außerordentlich wichtig, den Belastungsverlauf der betreffenden Werke zu kennen.

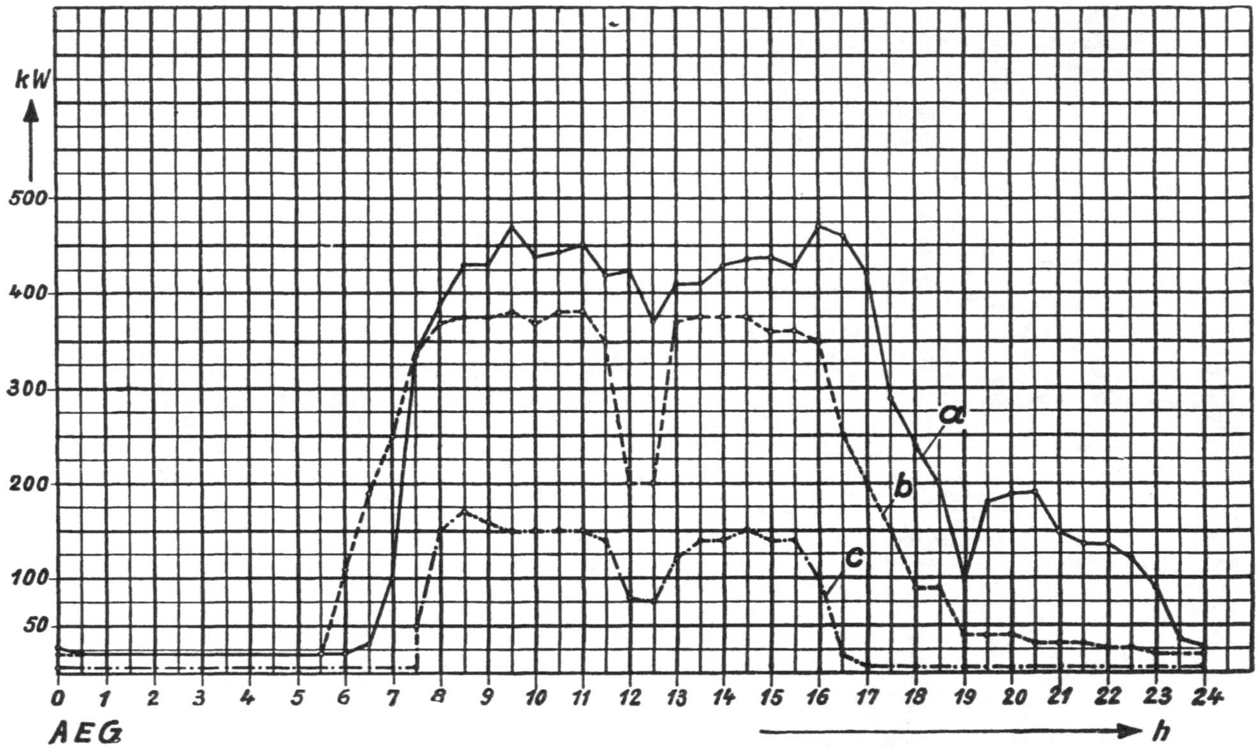

Bild 17. Tagesbelastung einer Schokoladenfabrik

Kurve a) an einem Tage kurz vor dem Weihnachtsfest
Kurve b) an einem Sommertage
Kurve c) an einem Wintertage bei verringerter Herstellungsmenge

Wie stark z. B. der Energieverbrauch während verschiedener Jahreszeiten schwanken kann, geht aus dem Kurvenblatt (Bild 17) hervor. Es wurde hier der gesamte Leistungsbedarf eines größeren Werkes der Schokoladenindustrie, welches auch Kakao und Bonbons herstellt, während je eines ganzen Tages kurz vor dem Weihnachtsfeste (Kurve a), an einem Sommertage bei normaler Arbeitszeit und normaler Fertigungsmenge (Kurve b) und endlich an einem Tage im Winter bei niedriger Außentemperatur und teilweise eingeschränktem Betrieb (Kurve c) ermittelt. Das Arbeitspiel an sich ist unabhängig von der Höhe der Belastung immer das gleiche. In den Nachtstunden nach Betriebschluß bis zum Beginn der Arbeitszeit ist in jedem Falle eine geringe Grundbelastung vorhanden, die in der Hauptsache von den dauernd durchlaufenden Längsreibemaschinen herrührt. Bei Kurve a und b liegt diese Nachtbelastung von 0 bis 5½ h auf der gleichen Höhe, während dieser Wert bei Kurve c wesentlich tiefer liegt, ein Zeichen dafür, daß die Herstellungsmenge guter Schokolade, die lange Zeit in den Längsreibemaschinen bearbeitet wird, in dieser Zeit stark zurückgegangen war. Ferner ist aus dem Diagramm zu ersehen, daß der Kraftverbrauch zu Beginn der Arbeitszeit im Sommer, wenn die Kompressoren zeitig in Gang gesetzt werden, langsam ansteigt (Kurve b), während im Winter die Belastungskurve ziemlich steil steigt (Kurven a und c), da die Kühleinrichtungen nicht so zeitig anzulaufen bzw. überhaupt keinen so großen Anteil an der Gesamtbelastung haben. Bei allen Kurven ist deutlich die Verminderung des Energiebedarfes in den Mittagstunden und das Ausschalten der Arbeitsmaschinen gegen Ende der Arbeitszeit zu erkennen. In der Zeit kurz vor dem Feste (Kurve a) wurde in mehreren Schichten gearbeitet. Dies zeigt sich in dem nochmaligen Ansteigen der Kurve a um 19 h infolge Einschaltens der Walzen und dem starken Leistungsverbrauch der Conchen.

Einen weiteren Einblick in die Eigenart der Betriebsverhältnisse der Nahrungsmittelindustrie gibt Bild 18. Hier ist der Gesamtenergiebedarf einer Tennenmälzerei mit 30000 kg Tagesleistung ohne mechanische Tennen-

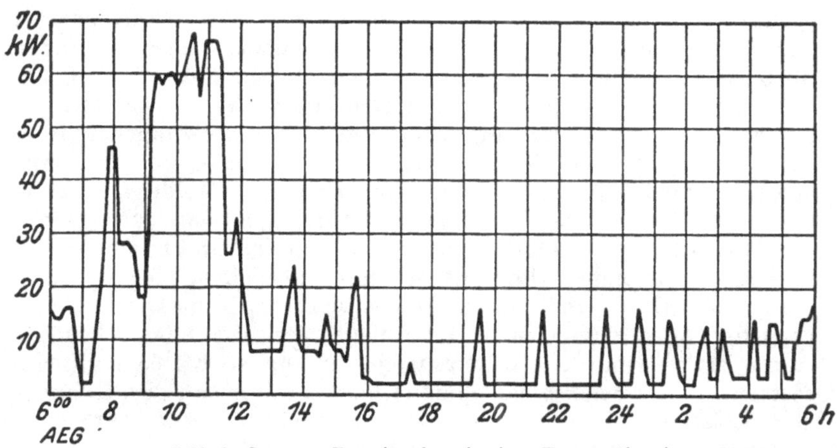

Bild 18. Gesamter Energieverbrauch einer Tennenmälzerei

wender, jedoch mit pneumatischer Förderanlage dargestellt. Aus dem Diagramm ist ersichtlich, daß der Kraftbedarf während des Haufenziehens in den Vormittagstunden stark ansteigt, während in den Nachtstunden der größte Teil der Energie für den Antrieb der elektrischen Darrwender benötigt wird.

Aus den vorstehenden Ausführungen geht hervor, daß Kraftbedarfswerte mit allgemeiner Gültigkeit nicht angegeben werden können. Bei den nachstehend für einzelne Zweige der Nahrungsmittel-Industrie zusammengestellten Zahlen handelt es sich um Durchschnittswerte, die sich aus den in mehreren größeren Betrieben des betreffenden Zweiges durchgeführten Messungen ergaben.

Bäckereien: 40 bis 50 kWh für 100 kg Backware.
Zigarettenfabriken: 250 bis 300 kWh für 1 Million Stück Zigaretten.
Brauerei einschließlich Mälzerei: 10 kWh für 1 hl Bier.
Mühlen: 60 bis 70 kWh für 1 t gemahlenes Getreide.
Schokoladenfabriken: 26,5 kWh für 100 kg Schokolade.
Molkereien: 5 bis 6 kWh für 1000 l Milch.
Zuckerfabriken: 1,6 kWh für 100 kg Rüben.

Beispielsweise sei aus diesen Angaben die Generatorleistung einer Rohzuckerfabrik berechnet, die täglich in 24 Stunden etwa 10000 Zentner verarbeitet. Dies entspricht einer stündlichen Rübenverarbeitung von etwa 20830 kg. Demnach wäre der Kraftbedarf

$$\frac{20830 \times 1{,}6}{100} = \text{rund } 330 \text{ kW}.$$

Ein Generator von 350 kW würde für eine solche Anlage ausreichen.

Hat man keine genaue Kenntnis der Verhältnisse, so ist man bei der überschlägigen Ermittlung des voraussichtlichen Kraftbedarfes hauptsächlich auf die Angaben der die Arbeitsmaschinen liefernden Fabriken angewiesen. Es ergibt sich somit ein anderer Weg für die Ermittlung der Leistung der Kraftstation, indem man die Summe des Energieverbrauches aller angeschlossenen Stromverbraucher feststellt. Man erhält dann den Anschlußwert der Anlage, der allerdings noch nicht für die Auslegung der Stromerzeuger bzw. der Transformatoren maßgebend ist. Es ist zu berücksichtigen, daß der tatsächliche Höchstbedarf wesentlich unter dem Anschlußwert liegt, da in der Regel nicht immer sämtliche Motoren mit Vollast gleichzeitig in Betrieb sind. Das Verhältnis von Höchstbelastung zum Anschlußwert ergibt den Ausnutzungsfaktor der Anlage, der in den Betrieben der Nahrungsmittel-Industrie erfahrungsgemäß mit 50 bis 60 v. H. einzusetzen ist. In Drehstromanlagen ist hierbei mit einem durchschnittlichen Leistungsfaktor von 0,6 bis 0,7 zu rechnen, wenn keine Verbesserung des Leistungsfaktors vorgesehen wird.

Dementsprechend müßte man bei der Ermittlung der Zentralenleistung etwa folgendermaßen vorgehen:

Durch Addition der Leistung aller in der Anlage zur Aufstellung kommenden Motoren ergebe sich der Anschlußwert mit 55 PS. Da 1 PS = 0,736 kW ist, beträgt die Leistungsabgabe der Motoren $55 \times 0{,}736 =$ rund 40,5 kW (Leistungsabgabe).

Unter Berücksichtigung der Verluste in den Motoren und ihren Zuleitungen, wofür insgesamt 20 v. H. angenommen seien, ergibt sich die Leistungsaufnahme zu $\frac{40{,}5}{0{,}8} =$ rund 50,6 kW (Leistungsaufnahme).

Die voraussichtliche Höchstleistung der Anlage entspricht nun nicht diesem Anschlußwert, sondern muß durch Multiplikation mit dem Ausnutzungsfaktor ermittelt werden. Demnach ist die Höchstleistung unter Annahme eines Ausnutzungsfaktors von 60 v. H.:

$$50{,}6 \times 0{,}6 = \text{rund } 30{,}4 \text{ kW Höchstleistung.}$$

Der Gesamtleistungsfaktor der Anlage sei mit 0,7 angenommen. Demnach ist die Scheinleistung $\frac{30{,}4}{0{,}7} =$ rund 43,5 KVA (Scheinleistung).

Man würde also in diesem Falle die Transformatoren bzw. Stromerzeuger für 50 KVA wählen, womit alle auftretenden Belastungsspitzen sicher gedeckt werden können.

Leistungsfaktorverbesserung in Drehstromanlagen.

Um sich ein Bild von dem Leistungsfaktor machen zu können, muß man sich über die Entstehung des elektrischen Stromes klar werden. In Dynamomaschinen (Stromerzeugern, Generatoren) wird der elektrische Strom durch Induktion erzeugt. Sie besitzen in dem feststehenden Teil, im Gehäuse, Feldmagnete, das sind ruhende Elektromagnete. Zwischen diesen dreht sich der von einer Kraftmaschine (Turbine, Dampfmaschine, Dieselmotor oder dgl.) angetriebene Anker. In jeder Dynamomaschine wird ein pulsierender Wechselstrom erzeugt, da sich die auf dem Anker befindliche Spule zwischen einem Nordpol und einem Südpol der Maschine vorbeibewegt. Der so erzeugte Wechselstrom pendelt zwischen einem positiven und negativen Höchstwert hin und her, wechselt also dauernd seine Richtung. Man kann sich den Stromverlauf in einer Wellenlinie (Bild 19) vorstellen. In dem gleichen Maße pendelt auch die Spannung, unter der der Strom in den Ankerspulen entsteht.

In Gleichstrommaschinen wird der Strom durch den auf dem Läufer befindlichen Kollektor gleichgerichtet, wird also über die Bürsten nur von den Kollektorlamellen entnommen, die den positiven oder negativen Höchstwert besitzen. Wechselstrommaschinen hingegen geben den erzeugten pulsierenden Strom über die Schleifringe und die Bürsten an das Netz ab.

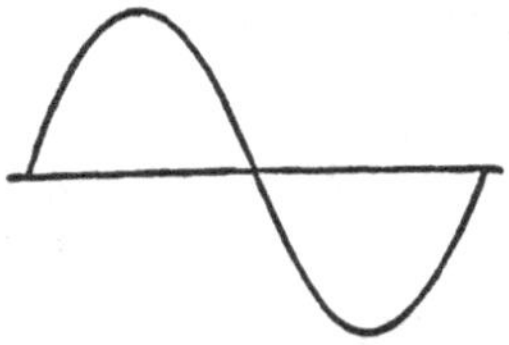

Bild 19. Verlauf eines Wechselstromes

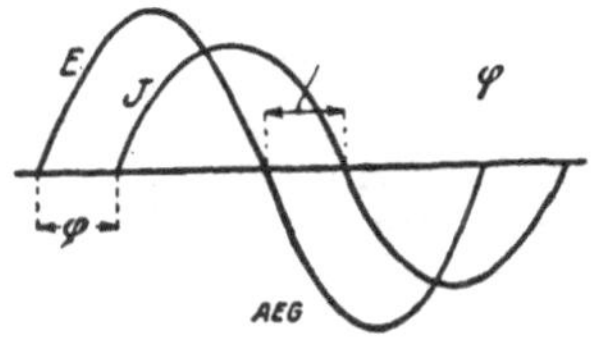

Bild 20. Nacheilende Verschiebung des Stromes zur Spannung bei induktiver Belastung

Bei induktionsfreier Belastung (z. B. Glühlampen) verläuft die Spannung in gleicher Phase mit der Stromstärke, während bei induktiver Belastung (Motoren, Transformatoren) der Strom gegen die Spannung nacheilend verschoben ist. Der Strom I erreicht seine Höchst- und Nullwerte immer etwas später als die Spannung E (Bild 20). Diese Phasenverschiebung, die man durch den Phasenverschiebungswinkel φ bezeichnet, wird dadurch hervorgerufen, daß Motoren und Transformatoren zum Aufbau ihres Feldes einen Magnetisierungsstrom (Blindstrom) benötigen, der nicht zur Wirkleistungsabgabe herangezogen werden kann. Dieser Blindstrom wird dem Netz entnommen, so lange der Stromverbraucher eingeschaltet ist, wird jedoch von den die Wirkstromentnahme anzeigenden Meßgeräten nicht festgestellt.

Die Stromerzeuger und Kabelleitungen hingegen werden durch den Blindstrom ebenso belastet wie durch Wirkstrom. Sie müssen demnach bei Auftreten hohen Blindstromverbrauches entsprechend reichlich ausgelegt werden. Zur Arbeitsleistung steht also nicht der in der Zuleitung fließende Gesamtstrom, den man mit Scheinstrom bezeichnet, zur Verfügung, sondern nur ein Teil davon, nämlich der Wirkstrom, dessen Größe durch den Leistungsfaktor (cos φ) der Anlage bestimmt wird.

Bei einem Leistungsfaktor von z. B. 0,5 würde von einem Scheinstrom von 92,5 Amp. nur $92{,}5 \times 0{,}5 = 46{,}25$ Amp. als Wirkstrom zur Verfügung stehen. Dieser Wirkstrom würde bei einer Spannung von 500 Volt einer Wirkleistung von $46{,}25 \times \sqrt{3} \times 500 = 40000$ Watt bzw. 40 kW entsprechen. Aus dem Scheinstrom von 92,5 Amp. ergibt sich analog eine Scheinleistung von 80 KVA. Diese Verhältnisse wurden in das Diagramm (Bild 21) eingezeichnet. Es ergibt sich, daß bei einem cos φ von 0,5 bei 40 kW Wirkleistungsaufnahme der Motoren eine Blindleistung von etwa 70 KVA dem Netz entnommen wird. Verbessert man den Leistungsfaktor der Anlage auf 0,8, wozu etwa 40 KVA Blindleistung erforderlich wären, so ergibt sich aus dem Diagramm, daß bei unveränderter Wirkleistungsaufnahme von 40 kW die Scheinleistung von 80 KVA auf 50 KVA verringert wird. Die dann noch verbleibende Blindleistung beträgt nur nur 30 KVA.

Um diesen nachteiligen Folgen eines schlechten Leistungsfaktors auf die wirtschaftliche Ausnutzung der Stromerzeuger zu begegnen, sind die meisten Elektrizitätswerke dazu übergegangen, außer dem Wirkleistungsverbrauch auch den Blindleistungsverbrauch mit besonderen Zählern zu messen und zu berechnen.

Dies geschieht in der Regel in der Form, daß der Kilowattstundenpreis nur dann gilt, wenn die Energie bei einem bestimmten Verhältnis von Wirkstrom zu Blindstrom (z. B. cos $\varphi = 0{,}8$) vom Verbraucher entnommen wird. Wenn dieser vereinbarte Wert unterschritten wird, erhöht sich der Strompreis, während bei Überschreitung vielfach eine Vergütung gewährt wird.

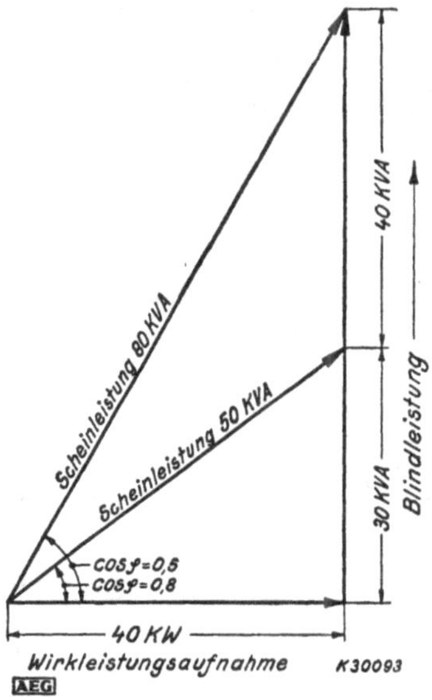

Bild 21. Einfluß des Leistungsfaktors auf die Blind- und Scheinleistung

Ein schlechter Gesamtleistungsfaktor der Anlage wirkt demnach bei Fremdstrombezug verteuernd auf die Stromkosten, bei Eigenerzeugung wird die volle Ausnutzung der Stromerzeuger und Kabelleitungen unterbunden. Jeder Betriebsleiter wird daher darauf zu achten haben, daß der Leistungsfaktor seiner Anlage auf dem für seinen Betrieb günstigsten Wert gehalten wird.

Die Ursache eines schlechten Leistungsfaktors ist in der Mehrzahl der Fälle darauf zurückzuführen, daß die angeschlossenen Motoren nicht voll belastet sind. Der Magnetisierungsstrom (Blindstrom) der Motoren ist nämlich unabhängig von der Belastung ziemlich gleich. Man sollte schon bei der Planung der Antriebsmotoren für die Arbeitsmaschinen auf diesen Punkt besonders Rücksicht nehmen. Um einen guten Gesamtleistungsfaktor der Anlage zu erzielen, ist es daher vor allen Dingen wichtig, die Leistung der Motoren entsprechend dem tatsächlichen Kraftbedarf der anzutreibenden Maschine zu wäh-

Maschinenart	Anlaufmoment v. H.	Verbesserung des Motorleistungsfaktors	Blindleistungsabgabe bei Leerlauf (Nenn-$\cos\varphi = 0{,}8$)	Verluste [2]) v. H.	Vorteilhafteste Anwendungsgebiete unter Berücksichtigung der Antriebsbedingungen	Vorteilhafteste Anwendungsgebiete unter Berücksichtigung der elektrischen Eigenschaften
Synchronmotor mit Dämpferkäfig Normalbauart Sonderbauart	etwa [1]) 25 40	beliebig voreilend	etwa 85 v. H. der Typenleistung	4–6	Für leichten Anlauf bei kleiner Anlaufspannung und kleinem Anlaufstrom. Für schwereren Anlauf bei größerer Anlaufspannung und größerem Anlaufstrom	Kurzschlußleistung der Anlage wird vergrößert
Asynchronmotor mit Gleichstrom-Erregermaschine (Synchronisierter Asynchronmotor)	bis 200	beliebig voreilend	etwa 85 v. H. der Typenleistung	6–10	Für schweren Anlauf. Im Normalbetrieb starke Laststöße nicht zulässig	Kurzschlußleistung der Anlage wird vergrößert. Nur empfehlenswert für Übererregung $\cos\varphi$ mindestens 0,7–0,8 v wegen Kippmoment
Asynchronmotor mit netzerregter Drehstrom-Erregermaschine	bis 200	beliebig voreilend	etwa 85 v. H. der Typenleistung	6–10	Bei schwerem Anlauf und Laststößen im Normalbetrieb	Kurzschlußleistung der Anlage wird nicht beeinflußt
Asynchronmotor mit Reihenschluß-Drehstrom-Erregermaschine	bis 200	bis auf $\cos\varphi = 1$ von $^1/_3$–$^1/_1$ Last	– 30 v. H. (Blindleistungsaufnahme)	5–9	wie vor	wie vor

[1]) Werte gelten bei Anlassen mit etwa $^1/_3$ der Netzspannung.

[2]) Ungefähre Grenzwerte je nach Größe der Maschine.

Bild 22: Zusammenstellung der umlaufenden Maschinen, die bei zentraler Phasenkompensation für gleichzeitige Wirk- und Blindleistungsabgabe bzw. reinen Phasenschieberbetrieb geeignet sind.

len, damit der Lauf der Motoren mit schlechter Belastung soweit wie irgend angängig vermieden wird.

Die richtige Bemessung der Motorleistungen wird jedoch vielfach zur Erzielung eines ausreichenden Gesamtleistungsfaktors nicht genügen. Man muß dann Maßnahmen treffen, um die Blindleistungsentnahme aus dem Netz zu unterbinden. Die Elektroindustrie hat zu diesem Zweck eine große Anzahl von Phasenkompensatoren in Gestalt von umlaufenden Maschinen auf den Markt gebracht, zu denen in neuerer Zeit noch die statischen Kondensatoren hinzugekommen sind. Bei allen diesen Kompensationsarten wird von dem Phasenkompensator Blindstrom in das Netz geliefert, wodurch eine entsprechende Entlastung der Stromerzeuger und Kabelleitungen erzielt wird. Die Art der Phasenverbesserung richtet sich nach der Größe der benötigten Blindleistung und den sonstigen Betriebsbedingungen. Man wird natürlich bei der Planung vor allen Dingen darauf zu achten haben, daß die Kosten für die Phasenverbesserungseinrichtungen nicht etwa die durch sie erzielbaren Ersparnisse übersteigen. Neben den Anschaffungskosten spielt daher der Wirkungsgrad derartiger Einrichtungen eine ausschlaggebende Rolle.

Die umlaufenden Phasenschieber, die nebenstehend mit Angabe ihrer hauptsächlichsten Merkmale zusammengestellt wurden (Bild 22), sind Drehstrommaschinen mit einer eigenen Erregermaschine, die als Gleichstrom- oder Drehstrommaschine ausgebildet sein kann. Durch entsprechende Bemessung der Erregung können die ersten drei Maschinenarten der Zusammenstellung für reine Blindleistungsabgabe (leerlaufender Phasenschieber mit $\cos \varphi = 0$) oder für gleichzeitige Wirk- und Blindleistungsabgabe oder für reine Wirkleistungsabgabe ($\cos \varphi = 1$, daher keine Blindstromentnahme aus dem Netz) ausgelegt werden. Da sich Wirk- und Blindleistung geometrisch addieren

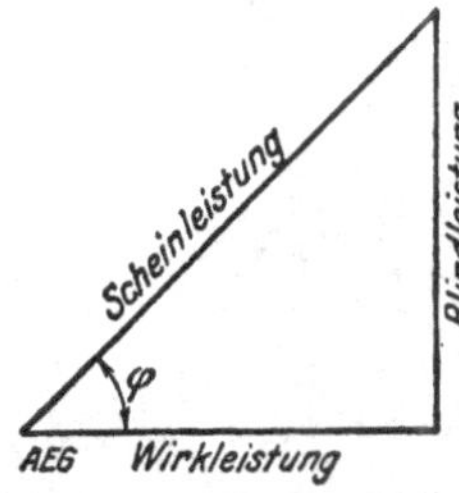

Bild 23. Geometrische Addition von Wirk- und Blindleistung

(Bild 23), arbeiten derartige Maschinen am wirtschaftlichsten, wenn sie außer der Wirkleistung gleichzeitig Blindleistung abgeben. Hinzu kommt noch, daß in diesem Falle die Verluste nicht allein der Phasenkompensation zur Last fallen. Die umlaufenden Phasenschieber werden daher hauptsächlich nur in den Großbetrieben verwendet, in denen einige Antriebsmotoren mit größerer Wirkleistungsabgabe zur Aufstellung kommen.

Für derartige Antriebe wird häufig der Synchronmotor wegen seiner verhältnismäßig geringen Anschaffungskosten und der geringen Verluste gewählt. Bei belastetem Anlauf wählt man in der Regel einen Sterndreieckschalter oder einen Anlaßtransformator, wobei der Motor während des Anlaufes an eine Teilspannung gelegt wird. Der Anlaufstrom hat hierbei einen Wert von etwa 50 v. H. des Normalstromes, das Anzugmoment die in der Zusammenstellung angegebenen Werte von 25 bzw. 40 v. H. je nach der Ausführungsform. Man kann natürlich einen derartigen Motor auch unmittelbar an die volle Netzspannung legen, wobei das Anlaufmoment und allerdings auch der Anlaufstrom höhere Werte annehmen. Bild 24 zeigt z. B. einen Synchronmotor von 160 PS bei 700 U/min und $\cos \varphi = 1$, der zum Antrieb eines Kältekompressors in einer Brauereikühlanlage dient. Bei Betrieb als leerlaufender Phasenschieber handelt es sich um vollkommenen Leeranlauf. Man kann hier zum Leeranlassen zweckmäßig einen in Serie geschalteten Anwurfmotor verwenden. Der Anlaufstrom ist bei dieser Art des Anlassens sehr klein.

Bei einem Asynchronmotor mit Gleichstrom- oder Drehstromerregermaschine wird die Erregung erst nach erfolgtem Anlauf zugeschaltet. Sie werden wie ein normaler Asynchronmotor mit einem Läuferanlasser ange-

Bild 24. Antrieb eines Kompressors in einer Brauerei durch einen Synchronmotor

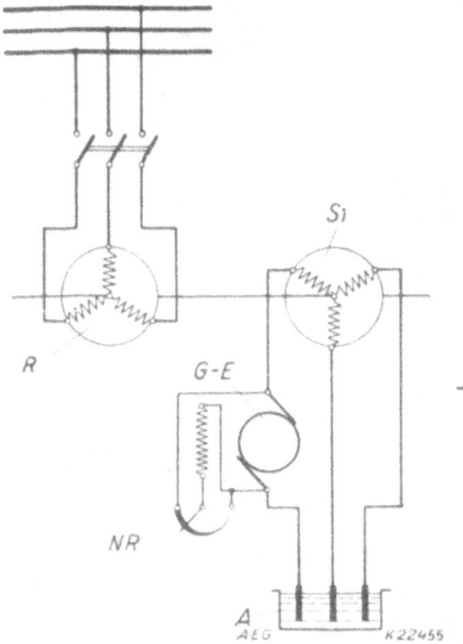

Bild 25. Schaltbild des synchronisierten Asynchronmotors als Phasenschieber

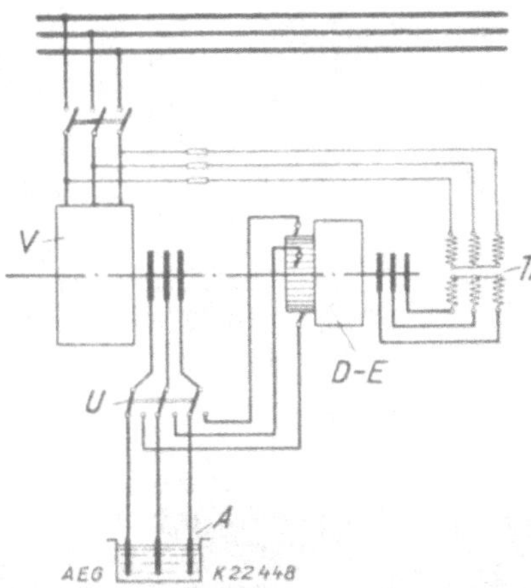

Bild 26. Schaltung des Asynchronmotors mit netzerregter Erregermaschine

lassen und haben somit die Anlaufverhältnisse dieses Motortyps. Die Motoren mit Gleichstrom-Erregermaschine sind unter dem Namen „Synchronisierte Asynchronmotoren" (Bild 25) bekannt. Sie haben besonders bei kleiner Blindleistungsabgabe ein geringes Kippmoment (selbst bei voreilendem $\cos \varphi = 0{,}8$ nur etwa 140 bis 160 v. H.) und können daher für Antriebe mit starken Laststößen nicht verwendet werden.

Hier ist ein Asynchronmotor mit netzerregter Drehstromerregermaschine (Bild 26) am Platze, die immer ständerlos ausgeführt wird. Bei diesen beiden Maschinenarten ist die Gleichstrom- bzw. Drehstromerregermaschine mechanisch und elektrisch mit dem Vordermotor verbunden, die Verluste sind ebenfalls fast die gleichen, jedoch liegen die Anschaffungskosten beim Asynchronmotor mit netzerregter Drehstromerregermaschine infolge des hierbei notwendigen Erregertransformators häufig höher.

Eine weitere Möglichkeit der Phasenkompensation durch eine umlaufende Maschine besteht in der Verwendung eines normalen Asynchronmotors mit einer ebenfalls ständerlosen Drehstrom-Reihenschluß-Erregermaschine (Bild 27). Sie hat den Vorteil, daß sie einen besonderen Antriebsmotor kleiner Leistung erhalten kann und dann mit dem Hauptmotor nur elektrisch verbunden ist. Bild 28 läßt den Antriebsmotor eines Kompressors in einer Brauerei mit der Drehstrom-Reihenschluß-Erregermaschine erkennen. Die Erregermaschine ist nur durch Kabel mit dem Hauptmotor verbunden. Im Vordergrund steht eine weitere Erregermaschine, die einen

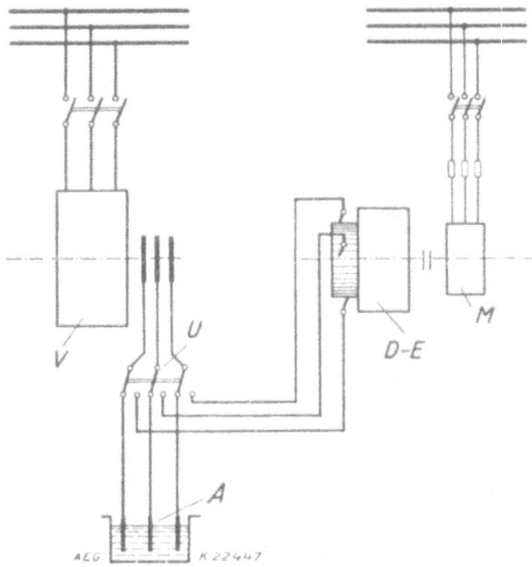

Bild 27. Schaltbild des Asynchronmotors mit Reihenschluß-Erregermaschine

Bild 28. Kompressorantrieb durch einen Hochspannungsmotor ohne Blindleistungsverbrauch infolge getrennt aufgestellter Reihenschluß-Erregermaschine in der Spatenbrauerei, München

anderen Asynchronmotor kompensiert. Allerdings läßt sich diese Maschine nur derart auslegen, daß der Hauptmotor ohne eigenen Blindleistungsverbrauch zwischen etwa $^1/_3$ und $^1/_1$ Last arbeitet, im günstigsten Falle mit ganz geringer Voreilung über $\cos \varphi = 1$ hinaus. Die zunächst aufgeführten drei Maschinenarten können dagegen, wie bereits eingangs erwähnt, für beliebig große Voreilung ausgelegt werden und auch im Leerlauf Blindleistung abgeben. Sie eignen sich demnach auch für den Betrieb als leerlaufende Phasenschieber.

Für diese Art des Betriebes kommt von den umlaufenden Maschinen wegen der geringen Anschaffungs- und Betriebskosten hauptsächlich der Synchronmotor in Frage. Eine solche Maschine für eine Blindleistung von 125 KVA ist links im Bild 29 zu erkennen. Rechts daneben steht ein leerlaufender synchronisierter Asynchron-Phasenschieber mit Gleichstromerregermaschine für eine Blindleistungsabgabe von 270 KVA bei Anschluß an 220 Volt, 50 Hertz.

Heutzutage wird man vielfach an Stelle eines umlaufenden Phasenschiebers Starkstrom-Kondensatoren wählen. Diese Art der Phasenverbesserung konnte in der obigen Zusammenstellung nicht aufgenommen werden, da ihre Wirkungsweise insofern eine ganz andere ist, als ein Kondensator, der nur Blindleistung abgeben kann, nicht mit einer umlaufenden Maschine, die auch für Wirkleistungsabgabe ausgelegt werden kann, vergleichbar ist. Bei jeder Phasenverbesserung kommt es nämlich nicht darauf an, einen Motor mit $\cos \varphi = 1$

Bild 29. Leerlaufende Phasenschieber, ausgeführt als Synchronmotor (links) synchronisierter Asynchronmotor (rechts) in der Zentrale der Zigarettenfabrik Greiling AG., Dresden

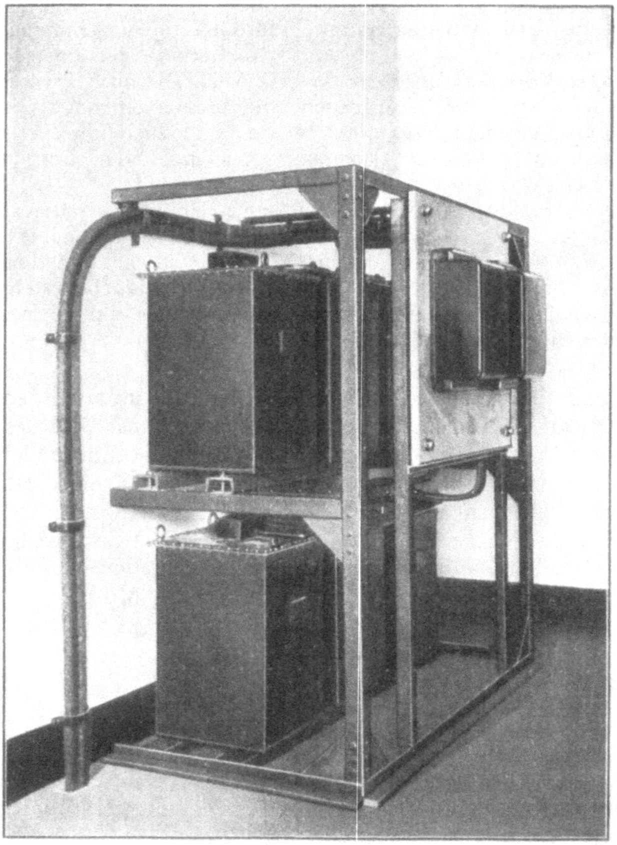

Bild 30. Starkstrom-Kondensatorenanlage für 120 kVA, 380 Volt, 50 Hertz

in Betrieb zu haben, nur der durchschnittliche monatliche Gesamtleistungsfaktor ist wichtig. Aus diesem Grunde sind auch die sogenannten kompensierten Motoren, bei denen die Gleichstromwicklung auf der Welle des Drehstrommotors untergebracht ist und die mit einem Leistungsfaktor von 1 bei Vollast und mit entsprechend voreilendem Leistungsfaktor bei Teillasten und Leerlauf arbeiten, neuerdings durch die Kondensatoren stark verdrängt worden.

Der Kondensator gibt unabhängig von der Leistungsfähigkeit, Art der Belastung und Ausführungsform der in der Anlage angeschlossenen Motoren die Blindleistung ins Netz, für die er ausgelegt ist. Man wird ihn daher in den seltensten Fällen parallel zu einem Motor legen, wodurch die Blindleistungsentnahme dieses einen Motors verringert werden würde, sondern an die Sammelschienen der Zentrale oder eines Verteilungspunktes anschließen. Man kann mit Hilfe der Kondensatoren die erforderliche Blindleistung auch in vorhandenen Anlagen zweckentsprechend unterteilen bzw. erforderlichenfalls nachträglich ergänzen. Da es sich um ruhende Apparate handelt, gibt es bei ihnen keine dem Verschleiß unterworfenen Teile, eine Wartung ist daher nicht erforderlich, auch brauchen keine besonderen Fundamente vorgesehen zu werden.

Die Art der Aufstellung der Kondensatoren ist aus Bild 30 zu erkennen.

Der wesentlichste Vorteil der Kondensatoren gegenüber allen umlaufenden Phasenschiebern liegt in ihrem praktisch belanglosen Eigenverbrauch, der weniger als 0,5 v. H. der Blindleistung beträgt. Die Kondensatoren sind daher besonders in solchen Anlagen geeignet, in denen eine große Anzahl von Motoren kleinerer Leistung in Betrieb ist. Hier sind sie infolge ihres günstigen Wirkungsgrades den umlaufenden Phasenschiebern überlegen.

Bei der Ermittlung der Wirtschaftlichkeit einer Phasenverbesserungseinrichtung ist jedoch auch noch zu berücksichtigen, daß die Betriebstundenzahl von ausschlaggebender Bedeutung ist. Infolge des geringen Eigenverbrauches der Kondensatoren tritt ihr geringer Stromverbrauch bei steigender Benutzungsdauer natürlich desto mehr in Erscheinung. Außerdem ist noch darauf zu achten, daß bei dem umlaufenden Phasenschieber Kosten für Bedienung und Wartung in Rechnung zu stellen sind, die bei den ruhenden Kondensatoren entfallen.

Um diese günstigen Auswirkungen des geringen Eigenverbrauches der Kondensatoren gegenüber einem umlaufenden Phasenschieber zu zeigen, sei nachstehend eine Wirtschaftlichkeitsberechnung für diese beiden Fälle in einem Betrieb mit einer Betriebsstundenzahl von 200 je Monat durchgeführt.

Es sei hierbei ein gemischter cos φ-Tarif zugrunde gelegt, bei dem die Leistungsgebühr RM 5.— je KVA/Monat und die Arbeitsgebühr 4,06 Pf. /kWh beträgt. Der Tarif enthalte weiterhin eine cos φ-Klausel, gemäß der 75 v. H. des Wirkleistungsverbrauches als Blindleistungsverbrauch frei sind. Bei höherem Blindleistungsverbrauch sind 0.35 Pf./Blindkilowattstunde (kVAh, früher vielfach mit BkWh bezeichnet) zu zahlen, während bei einem solchen unter 75 v. H. 0.175 Pf./kVAh vergütet werden. Diese Bedingung bedeutet, daß ein durchschnittlicher Gesamtleistungsfaktor der Anlage von 0,8 eingehalten werden muß, wenn kein Zuschlag für zu geringen cos φ gezahlt werden soll.

Die Berechnung dieses Leistungsfaktors ergibt sich daraus, daß sich Wirk- und Blindleistung geometrisch addieren (siehe Bild 23). Nimmt man z. B. die Wirklastaufnahme einer Anlage mit 100 kW an, so ergeben 75 v. H. der Wirkleistung, als Blindleistungsverbrauch gerechnet, 75 KVA. Wirk-

und Blindleistung als Katheten des rechtwinkligen Dreiecks aufgetragen, wobei die Scheinleistung als Hypotenuse dargestellt wird, ergibt für diese nach dem pythagoreischen Lehrsatz im vorliegenden Falle $\sqrt{100^2 + 75^2} = \sqrt{15\,625} = 125$ KVA. Der cos φ ergibt sich im rechtwinkligen Dreieck bekanntlich aus dem Verhältnis von Ankathete zu Hypotenuse, errechnet sich also in diesem Zahlenbeispiel zu

$$\frac{100 \text{ KW Wirkleistung}}{125 \text{ KVA Scheinleistung}} = 0{,}8.$$

Es sei weiterhin angenommen, daß die Spitzenbelastung der Anlage, die der Berechnung der Leistungsgebühr zugrunde gelegt wird, mit 268 kW gemessen wurde, und daß durch Zählerablesungen der monatliche Wirkleistungsverbrauch mit 47 767 kWh/Monat und der Blindleistungsverbrauch mit 46 019 KVAh/Monat ermittelt wurde. Hieraus ergibt sich analog der oben durchgeführten Berechnung, jedoch mit Kilowattstunden gerechnet, der Scheinleistungsverbrauch aus $\sqrt{47\,767^2 + 46\,019^2} =$ rund 66 325 und der

$$\cos \varphi = \frac{47\,767}{66\,325} = 0{,}72.$$

Um nun auch die Vergütung bei Betrieb mit einem cos φ über 0,8 zu erläutern, sei geplant, den Leistungsfaktor der Anlage auf $\cos \varphi = 1$ zu kompensieren[1]). Eine einfache Rechnung ergibt, daß bei der bisher aufgetretenen Blindleistung von 46 019 KVAh bei einer monatlichen Betriebsstundenzahl von 200 eine Blindleistung von 46 019 : 200 = 230 KVA aufzubringen ist. Die Berechnung sei daher für die Aufstellung eines leerlaufenden Synchronmotors dieser Leistung und einer Kondensatorenbatterie entsprechender Leistung durchgeführt.

Unter den vorstehend beschriebenen Annahmen sind die monatlichen Stromkosten folgendermaßen zu ermitteln:

A. Unkompensierter Betrieb.

1. Leistungsgebühr aus der gemessenen Stromspitze und dem Leistungsfaktor:

---

[1]) Es sei jedoch ausdrücklich darauf hingewiesen, daß die Annahmen dieses Beispiels insbesondere bezüglich des Grades der Kompensation und der Tarifsverhältnisse nicht verallgemeinert werden dürfen. Es soll vielmehr nur grundsätzlich der Gang der Rechnung gezeigt werden, so daß die Möglichkeit besteht, den günstigsten Grad der Kompensation für jeden Sonderfall entsprechend dem geltenden Tarif selbst zu ermitteln. Oft muß eine derartige Rechnung für verschieden große Kompensationsleistungen durchgeführt werden, um die wirtschaftlichste Lösung zu finden.

$\frac{268 \text{ KW}}{0{,}72} = 372$ KVA × RM 5.— je KVA/Monat = RM 1860.—

2. Arbeitsgebühr aus dem am Zähler abgelesenen Monatsverbrauch: 47 767 kWh × 4.06 Pf./kWh = rund RM 1939.—
3. Blindleistungsgebühr aus dem am Blindleistungszähler abgelesenen Verbrauch unter Abzug von 75 v. H. des Wirkleistungsverbrauches, die frei sind:

   Wirkleistungsverbrauch 47 767 × 0,75 = 35 825,25 kVAh sind frei, gemessen sind 46 019,00 kVAh

   10 193,75 kVAh

   sind verbraucht bei cos φ unter 0,8 und mit 0.35 Pf./KVAh laut Tarif zu zahlen: 10 193,75 × 0.35 = rund RM 36.—

   Monatliche Gesamtstromkosten RM 3835.—

B. Kompensierter Betrieb mit cos φ = 1 durch umlaufenden Synchron-Phasenschieber von 230 KVA.

1. Leistungsgebühr wie vor, jedoch unter Berücksichtigung des Eigenverbrauches des Phasenschiebers, der mit 6,8 v. H., also bei einer Leistung von 230 kVA mit $\frac{230 \times 6{,}8}{100}$ = 15,64 KVA einzusetzen ist. Weiterhin ist zu berücksichtigen, daß der cos φ = 1 beträgt, so daß die Scheinleistung der Anlage 268 + 15,64 = 283,64 KVA beträgt.

   283,64 KVA × RM 5.— je KVA/Monat = rund RM 1418.—
2. Arbeitsgebühr wie vor aus den Zählerangaben:

   47 767 kWh × 4.06 Pf./kWh = rund RM 1939.—

   Hierzu kommt der Eigenverbrauch des Phasenschiebers mit 15,64 KVA bzw. bei Betrieb mit cos φ = 1 15,64 kW × 200 h/Monat = 3128 kWh × 4.06 Pf./kWh = rund RM 127.—

   RM 3484.—
3. Blindleistungsgebühr ist nicht zu zahlen, da der Betrieb mit einem cos φ = 1, also über 0,8 arbeitet. Bei der Berechnung der hierdurch bedingten Vergütung ist folgender Rechnungsgang notwendig:

   Der Wirkleistungsverbrauch beträgt

   47 767 kWh lt. Zählerablesung,

   + 3 128 kWh Eigenverbrauch des Phasenschiebers,

   50 895 kWh Wirkleistungsverbrauch, denen bei Betrieb mit cos φ = 0,8 eine Blindleistung von 75 v. H. entsprechen würde:

   50 895 × 0,75 = 38 171,25 kVAh Blindleistung.

   Diese wird bei Betrieb mit cos φ = 1 in das Netz geschickt, wird also mit 0,175 Pf./kVAh lt. Tarif vergütet:

   38 171,25 × 0.175 = abzuziehen rund RM 67.—

   Monatliche Gesamtstromkosten RM 3417.—

Monatliche Stromkostenersparnis gegenüber dem unkompensierten Betrieb: RM 418.—

C. Kompensierter Betrieb mit $\cos \varphi = 1$ durch Kondensatoren mit einer Leistung von 230 kVA.

1.	Leistungsgebühr wie unter B. Eigenverbrauch der Kondensatoren 0,5 v. H. entsprechend 1,15 kVA: 268 + 1,15 = 269,15 kVA × RM 5.— je kVA/Mon. . . .	RM 1 346.—
2.	Arbeitsgebühr laut Zählerangabe 47 767 kWh × 4,06 Pfg./kWh	„ 1 939.—
	Eigenverbrauch der Kondensatoren bei 200 Betriebsstunden von 1,15 kVA, entsprechend bei $\cos \varphi = 1 = 1{,}15$ kW: 1,15 kW × 200 h = 230 kWh × 4,06 Pfg./kWh rund . .	„ 9.—
		RM 3 294.—
3.	Blindleistungsgebühr wie unter B. nicht zu zahlen. Vergütung 47 767 + 230 = 47 997 kWh × 0,75 = 35 998 kVAh × 0,175 Pfg./kVAh abzuziehen	„ 63.—
	Monatliche Gesamtstromkosten	RM 3 231.—
	Monatliche Stromkostenersparnis gegenüber dem unkompensierten Betrieb	RM 604.—

Aus dieser Berechnung ist zu ersehen, daß die durch den Eigenverbrauch der Phasenverbesserungseinrichtung bedingten Stromkosten von ausschlaggebender Bedeutung sind. Während sie im vorliegenden Beispiel bei dem Synchronmotor RM 127.— je Monat betragen, belaufen sie sich bei den Kondensatoren nur auf RM 9.— je Monat. Außerdem trägt der Kondensator infolge seines geringen Eigenverbrauches zu Ersparnissen an der Leistungsgebühr (Pos. 1 der Wirtschaftlichkeitsberechnung) bei. Insgesamt ergibt sich bei der Phasenkompensation durch Kondensatoren im vorliegenden Falle eine Ersparnis an Stromkosten von rund 15,5 v. H. gegenüber dem unkompensierten Betrieb, während die Ersparnis beim Synchronmotor nur etwa 10,5 v. H. beträgt.

Die Anlagekosten für die Phasenverbesserungseinrichtung können den vorliegenden Kostenanschlägen entnommen werden. Zurzeit werden die Kosten eines Synchronmotors von 230 kVA für Drehstrom 500 Volt, 50 Hertz etwa RM 9500.— einschließlich Zubehör, Verpackung, Anfuhr und Montage, für eine Kondensatorenbatterie entsprechender Leistung einschließlich Zubehör, ebenfalls komplett aufgestellt etwa RM 6500.— betragen.

Bei der vorstehend errechneten Stromkostenersparnis (RM 418.—/Monat beim Synchronmotor, RM 604.—/Monat bei Kondensatoren) werden die Anlagekosten beim Synchronmotor allein durch Ersparnis an Stromkosten in etwa 23 Monaten, bei der Wahl von Kondensatoren hingegen schon in etwa 11 Monaten amortisiert. Noch nicht berücksichtigt sind hierbei die Ersparnisse infolge des Fortfalles der Wartungskosten bei Kondensatoren, wodurch sich die Verhältnisse für den Kondensatorenbetrieb noch etwas günstiger gestalten.

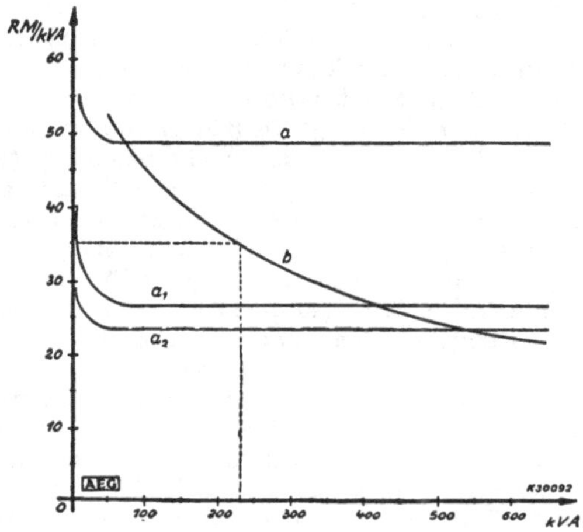

Bild 31. Anschaffungskosten (netto ab Werk ohne Zubehör) in RM/kVA-Blindleistung für leerlaufende 1500-tourige Synchronmotoren und Kondensatoren bei verschiedenen Anschlußspannungen

a) 220 Volt Kondensatoren
a_1) 380 Volt Kondensatoren
a_2) 500 Volt Kondensatoren
b) 115 bis 1000 Volt Synchronmotoren für 1500 U/min

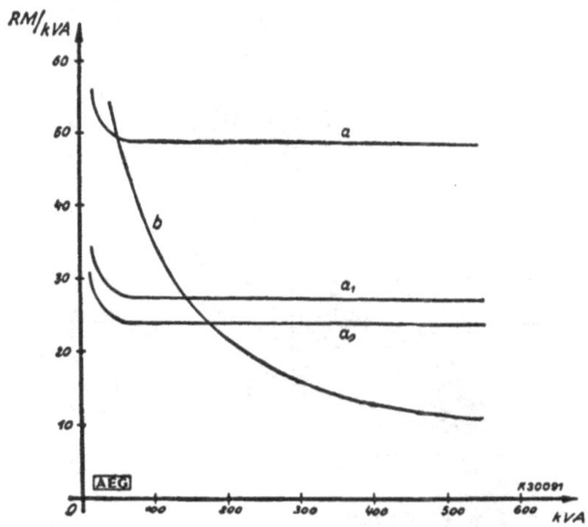

Bild 32. Anschaffungskosten (netto ab Werk ohne Zubehör) in RM/kVA-Blindleistung für Reihenschluß-Drehstrom-Erregermaschinen und Kondensatoren bei verschiedenen Anschlußspannungen

a) 220 Volt Kondensatoren
a_1) 380 Volt Kondensatoren
a_2) 500 Volt Kondensatoren
b) Reihenschluß-Drehstrom-Erregermaschinen

Das Beispiel zeigt wenigstens, daß in Betrieben mit hoher Betriebsstundenzahl und Vorhandensein von Motoren nur kleinerer und mittlerer Leistung, die eine zentrale Phasenkompensation geeignet erscheinen lassen, die Kompensierung durch Kondensatoren gegenüber umlaufenden Maschinen wirtschaftliche Vorteile bringt. In Bild 31 wurden die Anschaffungskosten von leerlaufenden 1500tourigen Synchronmotoren (reiner Phasenschieberbetrieb) pro kVA Blindleistung denen von Kondensatoren bei verschiedenen Spannungen gegenübergestellt. Die angegebenen Preise gelten ausschließlich Schaltanlage, Fracht, Verpackung und Montage. Es geht daraus hervor, daß ein Synchronmotor von 230 kVA einen Nettopreis von etwa RM 35.— pro kVA aufweist und demnach netto etwa RM 8050.— kostet, während eine Kondensatorenbatterie gleicher Leistung bei 500 Volt RM 23.50 pro kVA demnach netto RM 5405.— kostet.

Wenn dagegen in einem Betriebe im Verhältnis zur Gesamtleistung große Motoren mit Leistungen über etwa 100 kW vorhanden sind, wird man diese zur Phasenkompensation der Anlage heranziehen, indem man sie mit einer Erregermaschine ausrüstet. Auf Grund der in Bild 22 angegebenen Eigenverbrauchszahlen der für diese Zwecke zur Verfügung stehenden Typen

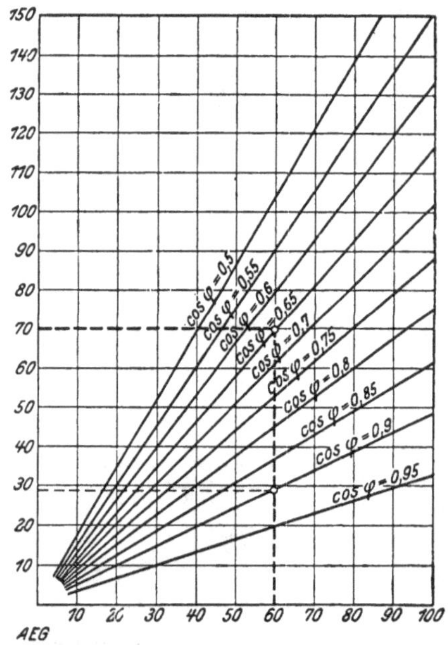

Bild 33. Ermittlung der Blindleistung aus dem Wirkleistungsverbrauch und dem Leistungsfaktor

wird es bei entsprechender sinngemäßer Abänderung der vorstehend als Beispiel angegebenen Wirtschaftlichkeitsberechnung ohne weiteres möglich sein, die Verhältnisse für einen derartigen Fall zu untersuchen. Zur Erleichterung derartiger Rechnungen wurden in Bild 32 die Kosten in

RM/kVA für Reihenschluß-Drehstrom-Erregermaschinen für verschiedene Blindleistungen zusammengestellt und mit den Kosten für Kondensatoren verglichen. Die Preise gelten auch hier wieder netto ab Werk, ohne Zubehör usw. Es zeigt sich, daß die Kompensation größerer, in der Anlage vorhandener Motoren durch Erregermaschinen bezüglich der Anschaffungskosten wirtschaftlicher ist als durch Kondensatoren, wenn die Blindleistungsaufnahme eines dieser Motoren größer ist als etwa 50 kVA bei 220 Volt, etwa 135 kVA bei 380 Volt bzw. 165 kVA bei 500 Volt.

Bei derartigen Wirtschaftlichkeitsberechnungen sind jedoch in jedem Falle die wesentlich geringeren Verluste der Kondensatoren zu beachten.

Zur überschlägigen Ermittlung der im Falle einer Phasenkompensation benötigten Blindleistung aus dem Wirkleistungsverbrauch und dem bisherigen unkompensierten Leistungsfaktor der Anlage diene Bild 33. Aus diesem Diagramm ergibt sich z. B. für einen Wirkleistungsverbrauch der Anlage von 60 kW bei einem Leistungsfaktor von 0,65 die Blindleistung zu 70 kVA. Soll der Leistungsfaktor auf 1 verbessert werden, so wäre eine Kompensationseinrichtung zu wählen, die 70 kVA Blindleistung in das Netz liefert. Genügt dagegen ein Leistungsfaktor von z. B. 0,9, so beträgt nach Bild 33 der zulässige Blindleistungsverbrauch 29 kVA. Demnach braucht nur die Differenz von 70 und 29, mithin 41 kVA Blindleistung kompensiert zu werden.

Stromverteilung

Hauptschaltanlage in der Zentrale

Der Hauptschaltanlage fällt die wichtige Aufgabe zu, die selbsterzeugte bzw. von einem Elektrizitätswerk ankommende Energie auf die einzelnen Betriebsabteilungen bzw. Unterstationen zu verteilen. Von diesem Teil der elektrischen Anlage hängt somit die Sicherheit des ganzen Betriebes ab. Man sollte aus diesem Grunde bei der Hauptschaltanlage keine scheinbaren Ersparnisse durch einfache Ausführung zu erzielen suchen, vielmehr mit Rücksicht auf eine einwandfreie Betriebsführung eine übersichtliche und mit den erforderlichen elektrischen Meß- und Schaltgeräten möglichst reichhaltig ausgestattete Anlage schaffen. Hierzu ist es vor allen Dingen notwendig, schon bei der Planung einen ausreichenden, geeigneten Raum für die Unterbringung der Hauptschaltanlage vorzusehen.

In Selbsterzeugungsanlagen muß die elektrische Energie dauernd überwacht werden, aber auch in Übergabe- bzw. Transformatorenstationen ist es notwendig, die Strombelastung der Anlage zu beobachten.

Hierzu dienen Meßinstrumente, und zwar Strom-, Spannungs-, Leistungs- und Blindleistungsmesser zur Feststellung der Stromstärke (A), Spannung (V), Leistung (kW) und Blindleistung (kVA). Im allgemeinen werden bei diesen Instrumenten die gemessenen Werte von einem Zeiger angezeigt, der sich über einer Skala bewegt. Sie können jedoch auch als schreibende (registrierende) Geräte gebaut werden, wobei ein durch ein Uhrwerk in Bewegung gesetzter Papierstreifen unter dem Zeiger des Instrumentes vorbeigeführt wird. Die gemessenen Werte werden somit aufgezeichnet. Es besteht also die Möglichkeit, auch zeitlich zurückliegende Belastungsverhältnisse der Anlage zu beobachten.

Bei den Frequenzmessern gestatten schwingende Zungen die Ablesung der gemessenen Werte.

Elektrische Arbeit wird in Kilowattstunden (kWh) mit Zählern gemessen. Diese Zähler besitzen Zählwerke mit springenden Ziffern und gestatten im Gegensatz zu den vorstehend beschriebenen Instrumenten, die den jeweils gemessenen Augenblickswert anzeigen, die Feststellung der Summe der Arbeit bis zum Zeitpunkt der Ablesung.

Handelt es sich um kleinere Stromstärken bzw. geringere Spannungen, so können die Meßgeräte unmittelbar angeschlossen werden. Andernfalls bedient man sich zum Anschluß der Instrumente der Meßwandler. Diese Strom- und Spannungswandler sind kleine Transformatoren. Die Primärwicklung der Stromwandler wird von dem Strom durchflossen, der gemessen werden soll. In der Sekundärwicklung fließt ein dem Betriebstrom praktisch proportionaler und phasengleicher Meßstrom. Ebenso werden die Spannungswandler primär an die zu messende Spannung gelegt, in der Sekundärwicklung herrscht eine der Betriebspannung proportionale und phasengleiche Meßspannung.

Unbedingt notwendig sind die Meßwandler bei Anschluß von Meßinstrumenten in Wechselstrom-Hochspannungsanlagen. In Gleichstromanlagen sind sie nicht erforderlich, da die Instrumente an die hier praktisch höchstens vorkommende Spannung von 500 Volt ohne weiteres direkt angeschlossen werden können. Stromwandler finden dagegen vielfach auch in Wechselstrom-Niederspannungsanlagen Verwendung, wenn die zu messenden Stromwerte die Meßbereiche der direkt anzeigenden Instrumente übersteigen.

In einer Transformatoren- bzw. Übergabestation ist an Meßinstrumenten mindestens je ein Strom- und Spannungsmesser in der Zu-

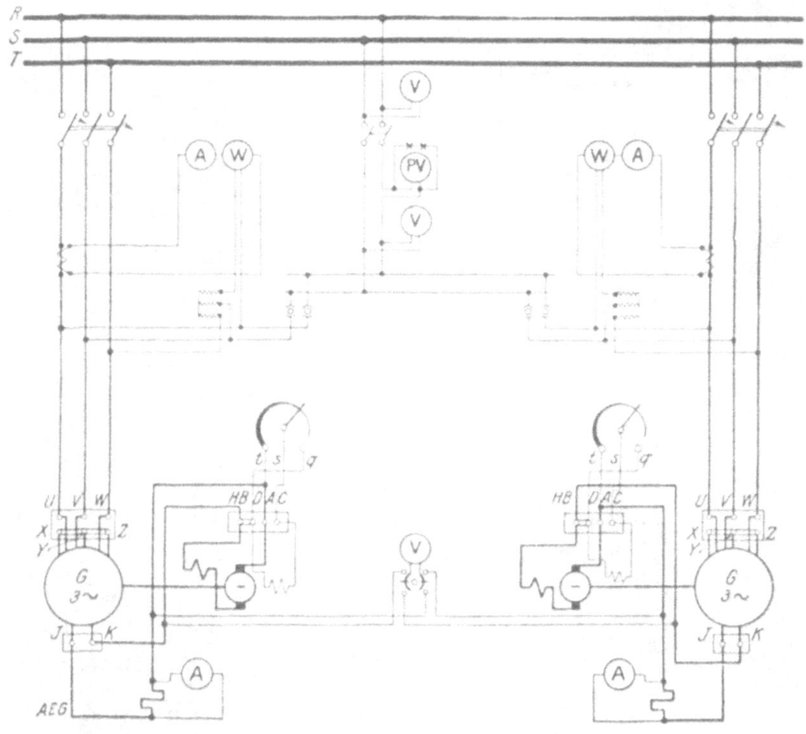

Bild 34. Parallelarbeitende Drehstrom-Synchron-Generatoren für Niederspannung

Erforderlich:
2 Synchron-Generatoren
2 Erregermaschinen
2 Nebenschlußregler
2 Spannungsmesser
1 Phasenvoltmeter mit anmontierten Phasenlampen
2 Strommesser
2 Leistungsmesser (bei ungleich belasteten Phasen sind Leistungsmesser für „beliebig" belastete Phasen und ein zweiter Stromwandler erforderlich)
2 Nullpunktwiderstände
2 Stromwandler
2 zweipolige Steckvorrichtungen mit einem Stecker
1 zweipoliger Schalter, 6 A
2 dreipolige Überstrom-Schalter
1 Spannungsmesser für die Erregung
1 Spannungsmesserumschalter für die Erregung
2 Strommesser für die Erregung

leitung und weiterhin ein Strommesser für jeden Transformator vorzusehen, damit die Gesamtbelastung der Anlage und die Belastung jedes einzelnen Transformators kontrolliert werden kann. Außer diesen Instrumenten wird zweckmäßig ein Leistungsmesser in der Zuleitung und ein Spannungsmesser auf der Sekundärseite der Transformatoren angeordnet (s. Schema Bild 15).

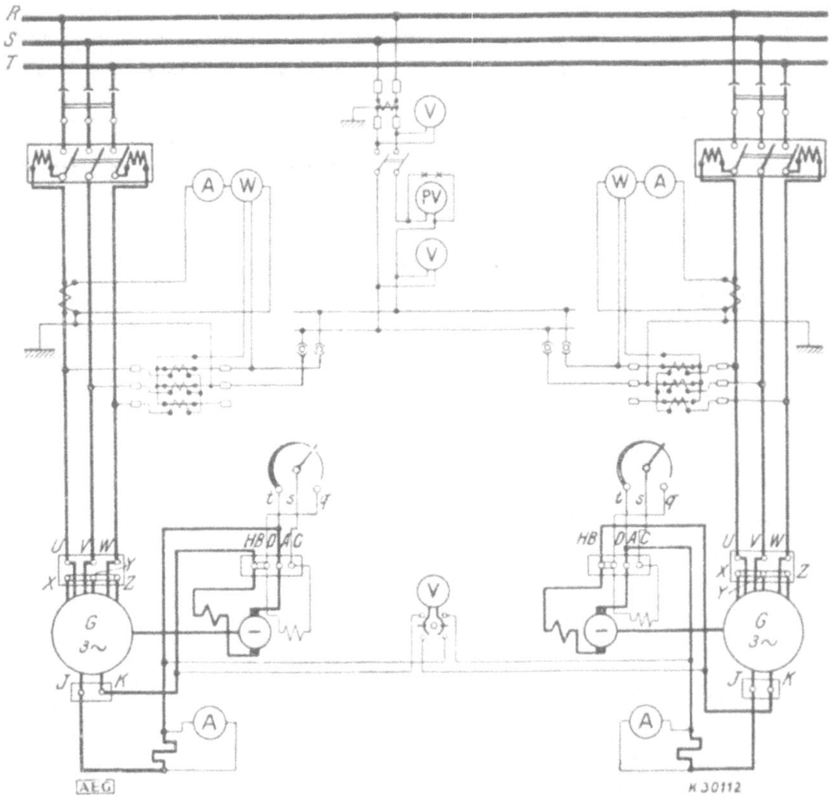

Bild 35. Parallelarbeitende Drehstrom-Synchron-Generatoren für Hochspannung

Erforderlich:

- 2 Synchron-Generatoren
- 2 Erregermaschinen
- 2 Nebenschlußregler
- 2 Spannungsmesser
- 1 Phasenvoltmeter mit anmontierten Phasenlampen
- 2 Strommesser
- 2 Leistungsmesser (bei ungleich belasteten Phasen sind Leistungsmesser für „beliebig" belastete Phasen und ein zweiter Stromwandler erforderlich)
- 1 einphasiger Spannungswandler mit Sicherungen
- 2 Dreiphasen-Spannungswandler mit Sicherungen
- 2 Stromwandler
- 2 Ölschalter mit direkter Überstromauslösung
- 2 dreipolige Trennschalter
- 2 zweipolige Steckvorrichtungen mit einem Stecker
- 1 zweipoliger Schalter, 6 A
- 1 Spannungsmesser für die Erregung
- 1 Spannungsmesserumschalter für die Erregung
- 2 Strommesser für die Erregung

Eigenerzeugungsanlagen mit Drehstromgenerator benötigen außer diesen Instrumenten noch je einen Strom- und Spannungsmesser für die Erregermaschine des Generators. Sind in einer Anlage zwei oder mehrere Drehstromgeneratoren vorhanden, die auf ein Netz parallel arbeiten, so muß noch ein Phasenvoltmeter mit aufgebauten Phasenlampen vorgesehen werden. In Verbindung mit dem Spannungsmesser ist es dann möglich zu beobachten, ob die Bedingungen für das Parallelschalten von Drehstromgeneratoren:

gleiche Spannung, gleiche Frequenz und Phasengleichheit

gleichzeit erfüllt sind.

Sowohl in einer Transformatorenstation als auch in einer Eigenerzeugungsanlage kann die Überwachung der Betriebsführung natürlich durch weitere Meßgeräte wie Zähler, cos φ-Messer, registrierende Instrumente usw. vereinfacht werden.

Ein weiterer wichtiger Bestandteil der Schaltanlage neben den Meßinstrumenten sind die Schalter, die an geeigneten Stellen die Stromführung zu unterbrechen gestatten. Bild 34 zeigt die Schaltung mit den zugehörigen Schaltern und Meßinstrumenten zweier parallel arbeitender Drehstrom-Synchrongeneratoren für Niederspannung, Bild 35 für Hochspannung. Die Schaltanordnung ist an sich in beiden Fällen die gleiche, nur sind in der Hochspannungsanlage alle Meßinstrumente vorschriftsmäßig unter Verwendung von Strom- und Spannungswandlern angeschlossen. Außerdem sind statt der Niederspannungsschalter für die Generatoren in der Hochspannungsanlage Ölschalter mit den zum Zwecke der sichtbaren Abschaltung vor diesen angeordneten Trennschaltern erforderlich.

In einer Transformatorenstation (Bild 15) sind Trenn- und Ölschalter in der Zuleitung und vor jedem Transformator, wie auch Niederspannungschalter auf der Sekundärseite zweckmäßig jedes Transformators und für jeden Abzweig vorzusehen.

Man ersieht aus diesen Schaltanordnungen, daß grundsätzlich zwischen Hoch- und Niederspannungs-Schaltanlagen zu unterscheiden ist. In beiden Fällen werden in der Regel für die Unterbringung der Schaltanlage besondere, abgeschlossene Räume geschaffen, die nur von besonders ausgebildetem Personal betreten werden dürfen. Bei der Ausbildung derartiger Hauptschaltanlagen braucht man daher gewöhnlich auf die in den eigentlichen Betriebsräumen vorherrschenden Verhältnisse wie Feuchtigkeit oder Staubhaltigkeit der Luft u. dgl., die dort eine besondere Ausführung der elektrischen Einrichtung bedingen, keine Rücksicht zu nehmen. Man wird vielmehr eine offene Bauart für die Schaltanlage wählen.

In Hochspannungsschaltanlagen sieht man für die Unterbringung der Trenn- und Ölschalter wie auch der zum Anschluß der Meßgeräte notwendigen Strom- und Spannungswandler Zellen vor, deren

Bild 36. Hochspannungs-Schaltanlage in der Schokoladenfabrik Tangermünde

Trennwände aus gemauerten Ziegelsteinen oder in die Eisenkonstruktion eingebautem Duromaterial bestehen. Die Vorderseite dieser Zellen wird mit Drahtgittertüren abgeschlossen, um das Bedienungspersonal bei der Beobachtung der im Betrieb befindlichen Apparate vor der zufälligen Berührung spannungführender Teile zu schützen.

Die Ölschalter können entweder von Hand oder durch elektrische Hilfsapparate betätigt werden. Bei Handbetätigung sind die Antriebsorgane der Ölschalter in der Regel in einem vor den Zellen liegenden Bedienungsgang angeordnet (Bild 36). Soll dagegen der Schalter von einer zentralen Bedienungsstelle aus betätigt werden, so sind mechanische oder elektrische Betätigungsapparate vorzusehen.

Bei mechanischer Betätigung stehen die Apparate in dem hinter bzw. in dem Stockwerk unter der Schalttafel befindlichen Hochspannungsraum und sind mit dieser durch Ketten- bzw. Kegelradübertragungen verbunden. Ein Beispiel für den Kettenantrieb eines Ölschalters ohne und mit Vorgelege gibt Bild 37.

Für die Fernsteuerung der Schalter stehen Hilfsgeräte in Form von Fernschaltmagneten, Motorantrieben, Federkraftspeichern usw. zur Verfügung. Diese Geräte kommen in unmittelbarer Nähe bzw. an dem zu steuernden Ölschalter zur Aufstellung und sind mit der Schalttafel bzw. der Kommandostelle nur elektrisch verbunden.

Ausgelöst werden die Ölschalter entweder durch einen Magneten, der entweder unmittelbar vom Überstrom oder dem ihm entsprechenden Sekundärstrom der Stromwandler durchflossen wird oder durch einen Hilfstrom, der durch ein Relais geschlossen oder geöffnet wird.

Ein weitgehender Schutz des Ölschalters in jedem Betriebsfalle kann nur durch Anordnung geeigneter Relais erzielt werden, die während des Betriebes den jeweiligen Erfordernissen entsprechend eingestellt werden können. Derartige Relais werden als Schutz gegen Überstrom als sofort wirkende Relais, abhängige und unabhängige Zeitrelais, als Zeitrelais zum Schutz gegen Rückleistung und endlich für Spannungsrückgangschutz als

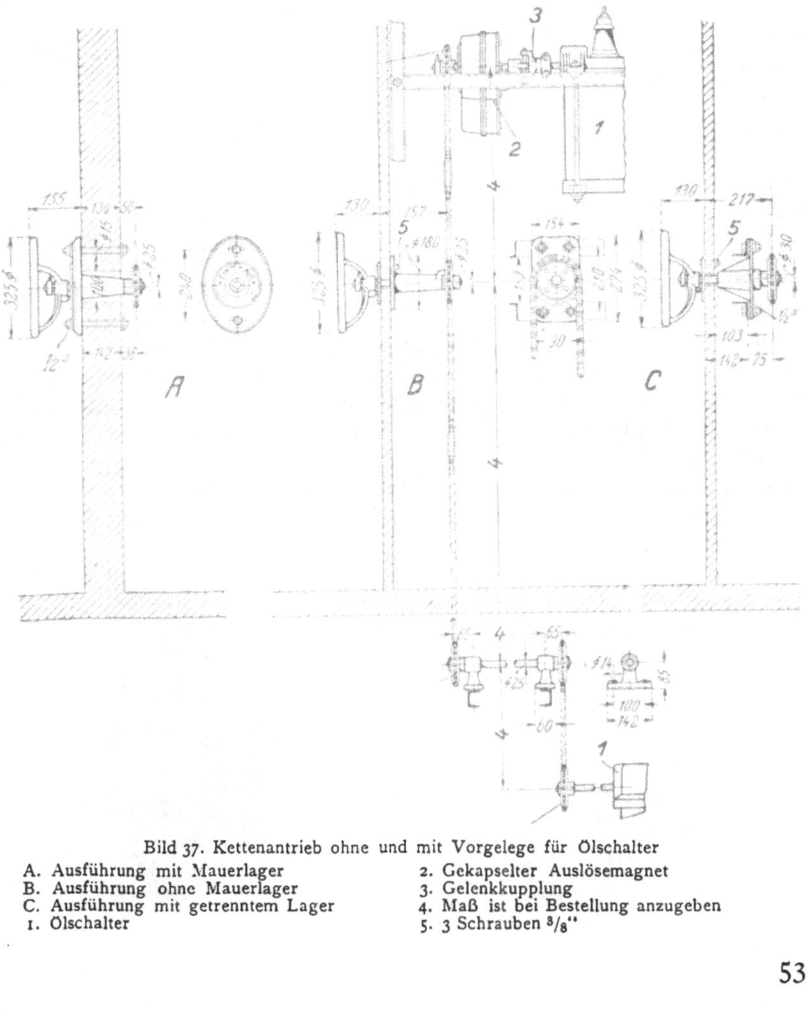

Bild 37. Kettenantrieb ohne und mit Vorgelege für Ölschalter

A. Ausführung mit Mauerlager
B. Ausführung ohne Mauerlager
C. Ausführung mit getrenntem Lager
1. Ölschalter
2. Gekapselter Auslösemagnet
3. Gelenkkupplung
4. Maß ist bei Bestellung anzugeben
5. 3 Schrauben $^{3}/_{8}$"

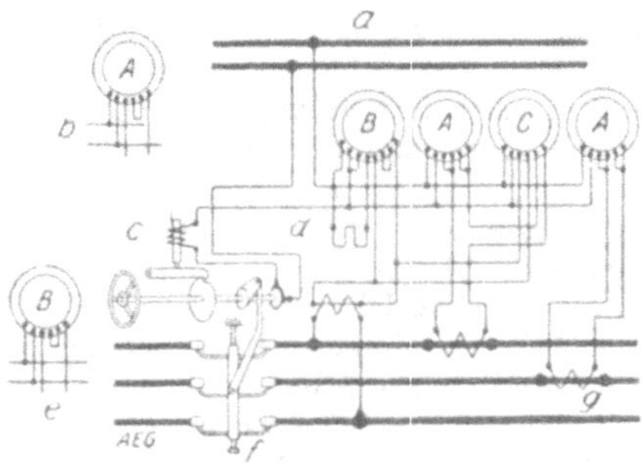

Bild 38. Relaisschaltung für einen Ölschalter mit zweiphasigem Schutz gegen Überstrom, Schutz gegen Rückleistung und Spannungrückgangschutz

A. Überstrom-Zeitrelais mit Arbeitskontakt
B. Spannungsrückgangs-Zeitrelais mit Arbeitskontakt
C. Rückleistungs-Zeitrelais mit Arbeitskontakt
a) Gleichstrom oder Niederspannungs-Wechselstrom
b) Schaltung für 2,5 Amp.
c) Arbeitsstrom-Auslöser
d) Vorwiderstand, erforderlich nur über 80 V.
e) Schaltung für ein sofort wirkendes Spannungsrückgangs-Relais
f) Ölschalter
g) Stromwandler

sofort wirkende und Zeitrelais gebaut. Sie werden in der Regel an die Sekundärseite von Strom- und Spannungswandlern angeschlossen.

Die Auswahl der Relais richtet sich nach den gestellten Anforderungen. Bild 38 zeigt z. B. die Relaisschaltung für einen Ölschalter mit zweiphasigem Schutz gegen Überstrom, Schutz gegen Rückleistung und Spannungsrückgangschutz.

In neuerer Zeit haben auch in Industrieanlagen die öllosen Schalter größere Bedeutung gewonnen. Sie zeichnen sich durch sichere Beherrschung des Abschaltvorganges, geringes Gewicht und leichte Einbaumöglichkeit aus. Es gibt zwei Arten von öllosen Schaltern, die Druckgasschalter (Bild 39) mit fremderzeugter Strömung und die Wasserschalter (Bild 40) mit selbsterzeugter Strömung des Löschmittels zur Vernichtung der beim Schaltvorgang auftretenden Fun-

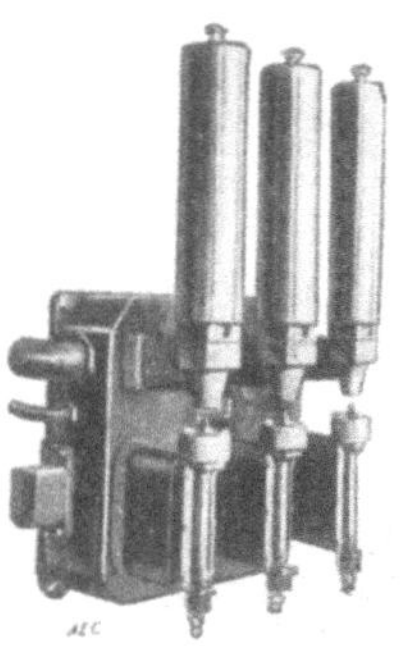

Bild 39. Druckgas-Schalter

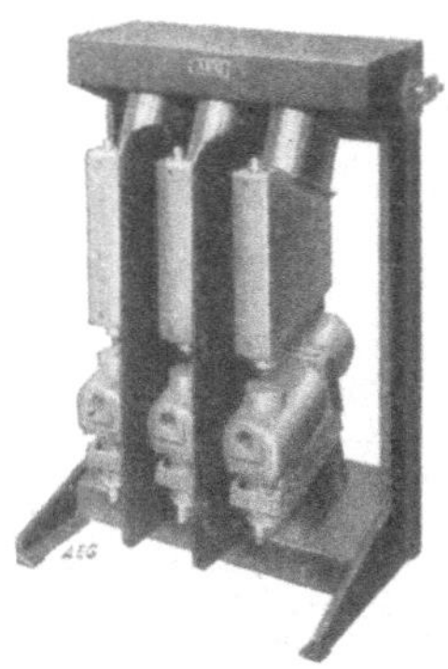

Bild 40. Wasserschalter

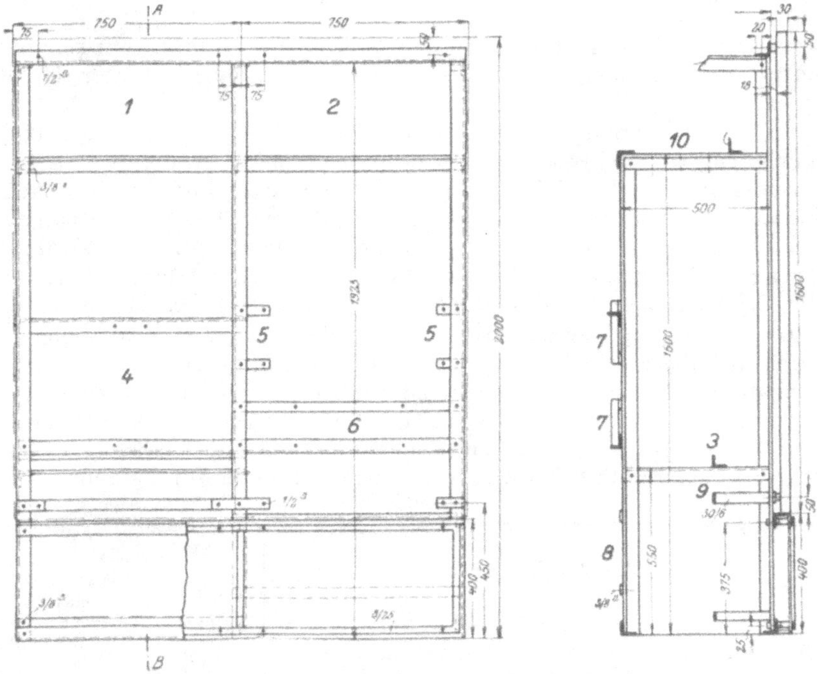

Bild 41. Freistehendes Eisengerüst für Niederspannungstafeln, zur Aufnahme von indirekten Hebelschaltern, senkrechten Sicherungstafeln, Stromwandlern und Sammelschienen

1. mit Hebelschalter
2. ohne Hebelschalter
3. Stromwandler
4. Hebelschalter
5. Verteilungs-Sicherungen
6. Sicherungen
7. Sicherungs-Tisch
8. Hauptsicherung
9. Nebenschluß-Regler
10. Sammelschienen

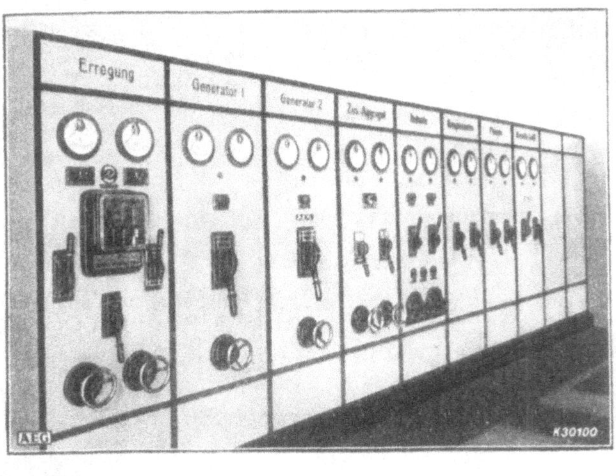

Bild 42. Niederspannungs-Hauptschalttafel in der Fleischwarenfabrik Gebr. Schulze u. Söhne, Ludwigslust in Mecklenburg

kenstrecke. Wasserschalter werden vorwiegend für Spannungen bis 10000 Volt, Druckgasschalter für Spannungen unbegrenzter Höhe gebaut.

In Niederspannungsanlagen werden die zur Messung, Regelung und Verteilung der elektrischen Energie erforderlichen Apparate und Instrumente in Schalttafeln untergebracht. Diese Schalttafeln bestehen im wesentlichen aus einem Eisengerüst (Bild 41), das zur Aufnahme der Sammelschienen und der Instrumente dient. Auf der Vorderseite der Schalttafel werden nur die Instrumente, Betätigungsgriffe der Schalter bzw. Handräder der Apparate untergebracht (Bild 42).

Bei Anordnung der Schalter usw. auf der Vorderseite der Schalttafel muß diese selbst aus einem isolierenden Material (Marmor, leitungsfreiem Schiefer) bestehen. Die in Bild 42 gezeigte rückseitige Montage der Schalter, wobei nur die Betätigungsgriffe auf der Vorderseite der Schalttafel liegen, erhöht die Übersichtlichkeit und Gefahrlosigkeit für das Bedienungspersonal. Isolierendes Tafelmaterial

Art der Leitung		Mindestabstand voneinander	Mindestabstand von Gebäudeteilen
Blanke Leitungen unter 1 kV in Gebäuden und im Freien	bei Spannweiten von 6—20 m	20 cm	5 cm
	bei Spannweiten von 4–6 m	15 cm	
	bei Spannweiten von 2—4 m	10 cm	
	bei Spannweiten unter 2 m	5 cm	
Blanke Leitungen für 1 kV und darüber in Gebäuden	bei Spannungen von 1 kV .	5 cm	5 cm
	bei Spannungen bis 3 kV .	7,5 cm	7,5 cm
	bei Spannungen bis 6 kV .	10 cm	10 cm
	bei Spannungen bis 10 kV .	12,5 cm	12,5 cm
	bei Spannungen bis 20 kV .	18 cm	18 cm
	bei Spannungen bis 30 kV .	26 cm	26 cm
	bei Führung an der Außenseite eines Gebäudes	wie vor	wie vor, jedoch mindestens 10 cm
Isolierte offen verlegte Leitungen unter 1 kV	im Freien		2 cm
	in Gebäuden		1 cm
Leitungen im Freien	bei Spannungen unter 1 kV	Mindestabstand von der Erde	2,5 m, wo beladene Wagen verkehren 6 m
Freileitungen	bei Spannungen unter 1 kV		5 m, über Wegen 6 m
	bei Spannungen von 1 kV und darüber		6 m, über Wegen 7 m

Tafel 6: Mindestabstände von Leitungen, zusammengestellt nach den Errichtungsvorschriften des VDE.

ist dann nicht mehr unbedingt erforderlich. Man verwendet als vorderseitigen Abschluß des Schalttafelgerüstes in diesem Falle vielfach Eisenblechplatten von 2 bis 3 mm Stärke.

Der Raumbedarf von Niederspannungschaltanlagen ist wesentlich geringer als für Hochspannungschaltanlagen. Dies liegt zunächst darin begründet, daß Öl- und Trennschalter an sich mehr Raum beanspruchen als die in Niederspannungsanlagen ausreichenden luftgekühlten Schalter. Hinzu kommt aber noch, daß die zulässigen Abstände der Leitungen voneinander mit höherer Spannung größer werden. In Zahlentafel 6 wurden die Mindestabstände der Leitungen nach den Errichtungsvorschriften des VDE. zusammengestellt.

Bei dem Einbau der Hoch- und Niederspannungsschalter ist noch darauf zu achten, daß die im Falle eines Kurzschlusses auftretenden Ströme ein Vielfaches der Nennstromstärke ausmachen. Die Schalter müssen daher eine ausreichende Abschaltleistung aufweisen. Es genügt nicht, sie nur entsprechend der Spannung und der Betriebsstromstärke des Anlagenteiles auszuwählen. Diese wichtige Frage wird noch ausführlich unter dem Abschnitt „Anforderungen an die Schaltgeräte“ behandelt werden.

Verbindungsleitungen zu und in den Betriebsräumen

Die Vorschriften des Verbandes Deutscher Elektrotechniker unterscheiden die in Tafel 7 zusammengestellten Leitungsarten. Während in den Schaltanlagen aus den im vorstehenden Abschnitt beschriebenen Gründen fast ausschließlich blanke Leitungen (Tafel 8) verlegt werden, verwendet man für die Verteilung der Energie von der Hauptschaltanlage zu den Stromverbrauchern in größeren Anlagen nur Bleikabel (Tafeln 9 und 10), bei denen die stromführenden Kupferseelen in einer entsprechenden Isolation eingebettet sind.

Bei diesen Bleikabeln schließt sich um die Isolation ein Bleimantel, der zum mechanischen Schutz noch mit einem Eisenband umwickelt wird. Um ein Verrosten des Eisenbandes zu verhüten, können die Kabel noch eine Juteumwicklung erhalten. Einen derartigen Schutz sieht man allerdings nur dann vor, wenn die Kabel in der Erde oder offen in Betriebsräumen mit feuchter Luft verlegt werden. Im allgemeinen werden jedoch, besonders in größeren Anlagen, für die Verlegung der Kabel besondere Kanäle geschaffen, die für die Aufnahme von zahlreichen Kabeln zweckmäßig begehbar ausgebildet werden.

Von einer Juteumwicklung sieht man in diesen Fällen ab, um bei einem etwaigen Kabelbrand einer Verqualmung der Kabelkanäle vorzubeugen.

Einen weiteren Schutz können die Kabel noch durch einen säurefesten Anstrich erhalten. Diesen wird man immer dann vorsehen, wenn die Kabel in Betriebsräumen verlegt werden müssen, in denen sie den schädlichen Einflüssen von Säuredämpfen ausgesetzt sind, wie Kompressorenräume, Pökelräume in der Fleischwarenindustrie usw.

Leitungsart			Kurzzeichen	Erläuterung
A. Blanke Leitungen				Rundkupfer, Flachkupfer.
B. Umhüllte Leitungen			PLW	**L**eitung mit **P**apier- und **w**etterfester Umhüllung in roter Farbe.
			NL	**N**u**ll**eiterdrähte in hellgrauer Farbe.
			NE	**N**ulleiterdrähte für Verlegung im **E**rdboden.
			NBE	**N**ulleiterdrähte mit **B**leimantel für Verlegung im **E**rdboden.
C. Isolierte Leitungen (Gummiisolation)	Leitungen für feste Verlegung	Gummiaderleitungen	NGA	**N**ormen **G**ummi**a**derleitung.
			NGAB	**N**ormen **G**ummi**a**derleitung, **b**iegsam.
			NGAF	**N**ormen **G**ummi**a**derleitung, **f**eindrähtig (sehr biegsam).
			NGAU	**N**ormen **G**ummi**a**derleitung mit **u**nbrennbarer Asbestumflechtung.
			NGAW	**N**ormen **G**ummi**a**derleitung mit **w**etterfester, säurebeständiger Imprägnierung.
			NSGA	**N**ormen **S**onder-**G**ummi**a**derleitung für höhere Spannungen.
		Rohrdrähte	NRAA	**N**ormen **R**ohrdraht-**A**der mit **a**luminiumplattiertem Eisenmantel.
			NRAN	**N**ormen **R**ohrdraht-**A**der mit Beidraht (**N**ulleiter).
		Kabelähnliche Leitungen	NRU	**N**ormen **R**ohrdraht, mit **F**aserstoff **u**mflochten.
			NBU	**N**ormen **B**leimantelleitung mit Faserstoff **u**mflochten.
			NBEU	**N**ormen **B**leimantelleitung mit **E**isenbandbewehrung und mit Faserstoff **u**mflochten.
		Panzeradern	NPA	**N**ormen **P**anzer**a**dern mit rostgeschützter Metalldrahtbeflechtung.
		Bandpanzerleitungen	BPA	**B**and**p**anzer**a**dern mit einem Panzer aus zwei in der Längsrichtung gewölbten Eisenbändern.
	Leitungen für Beleuchtungskörper	Fassungsadern	NFA	**N**ormen **F**assungs**a**dern.
		Pendelschnüre	NPL	**N**ormen **P**endel**l**itze, einadrig.
			NPLR	**N**ormen **P**endel**l**itze, zweiadrig. **r**und, mit gemeinsamer Beflechtung.

Tafel 7: Zusammenstellung der Leitungsarten nach den Vorschriften des Verbandes Deutscher Elektrotechniker.

Fortsetzung s. nächste Seite.

Leitungsart			Kurzzeichen	Erläuterung
	Leitungen zum Anschluß ortsveränderlicher Stromverbraucher	Gummiaderschnüre	NSA	Normen Schnur mit Gummiader (Zimmerschnüre), Mehrfachschnüre haben eine gemeinsame Beflechtung.
		Werkstattschnüre	NWK	Normen Werkstattschnur mit Kordelbeflechtung.
		Gummischlauchleitungen	NLH	Normen leichte Handapparatleitung.
			NLHG	Normen leichte Handapparatleitung mit Glanzgarnbeflechtung.
			NMH	Normen mittlere Handapparatleitung.
			NMHG	Normen mittlere Handapparatleitung mit Glanzgarnbeflechtung.
			NSH	Normen schwere Handapparatleitung.
		Sonderschnüre	NSGK	Normen Schnur mit Gummimantel und Kordelbeflechtung.
			NHSGK	Normen Hochspannungsschnur mit Gummimantel u. Kordelbeflechtung.
		Biegsame Theaterleitungen	NTK	Normen biegsame Theaterleitungen mit Kordelbeflechtung.
			NTSK	Normen biegsame Theaterleitungen mit Segeltuchumhüllung und Kordelbeflechtung.
		Leitungstrossen	NT	Normen Leitungstrossen, die betriebsmäßig ein häufiges Auf- u. Abwickeln aushalten müssen.
D. Bleikabel	Gummi-Bleikabel		NGK	Normen Gummi-Bleikabel.
			NRGK	Normen Gummi-Bleikabel für Reklamebeleuchtung.
	Papier-Bleikabel		NK	Normen blankes Kabel.
			NKA	Normen blankes Kabel mit Bedeckung aus asphaltierter Jute.
			NKB	Normen Kabel mit Bandeisenbewehrung.
			NKBA	desgl. mit Bedeckung aus asphaltierter Jute.
			NKF	Normen Kabel mit Flachdrahtbewehrung.
			NKFA	desgl. mit Bedeckung aus asphaltierter Jute.
			NKR	Normen Kabel mit Runddrahtbewehrung.
			NKRA	desgl. mit Bedeckung aus asphaltierter Jute.

Normale Dauerbelastung A	Querschnitt qmm	Maße mm	Gewicht je m kg
60	24	12 × 2	0,21
100	30	15 × 2	0,27
150	45	15 × 3	0,40
	40	20 × 2	0,36
200	100	20 × 5	0,89
	75	25 × 3	0,67
250	90	30 × 3	0,8
350	150	30 × 5	1,34
	120	40 × 3	1,07
450	200	40 × 5	1,78
600	320	40 × 8	2,85
	250	50 × 5	2,23
700	300	60 × 5	2,67
800	500	50 × 10	4,45
	400	80 × 5	3,56
	400	2 × (40 × 5)	3,56
900	400	80 × 5	3,56
	400	2 × (40 × 5)	3,56
1 000	600	60 × 10	5,34
	500	100 × 5	4,45
	500	2 × (50 × 5)	4,45
1 300	800	80 × 10	7,12
	600	2 × (60 × 5)	5,34
	600	3 × (40 × 5)	5,34
1 500	1 000	100 × 10	8,9
	800	2 × (80 × 5)	7,12
	750	3 × (50 × 5)	6,9
2 000	1 600	2 × (80 × 10)	14,24
	1 000	2 × (100 × 5)	8,9
	1 500	3 × (50 × 10)	13,35
2 500	1 600	2 × (80 × 10)	14,24
	1 200	3 × (80 × 5)	10,68
	1 200	4 × (60 × 5)	10,68
3 000	2 000	2 × (100 × 10)	17,8
	1 500	3 × (100 × 5)	13,35
	2 000	4 × (50 × 10)	17,8
3 500	2 400	3 × (80 × 10)	21,36
	2 000	4 × (100 × 5)	17,8
	2 000	5 × (80 × 5)	17,8
4 000	3 000	3 × (100 × 10)	26.7
	3 200	4 × (80 × 10)	28,48
	2 500	5 × (100 × 5)	22,25

Tafel 8: Belastung von blanken Flachkupferschienen.

Querschnitt	Einleiter bis kV	Zweileiter vers. b. kV	Dreileiter, verseilt, bis kV					Vierleiter vers. b. kV
qmm	1	1	1	3	6	10	15	1
1,5	31	25	22	—	—	—	—	20
2,5	41	34	30	29	—	—	—	26
4	55	44	38	37	—	—	—	35
6	70	55	49	47	—	—	—	45
10	95	75	67	65	62	60	—	60
16	130	100	90	85	82	80	—	80
25	170	130	113	110	107	105	100	105
35	210	155	138	135	132	125	120	125
50	260	195	170	165	162	155	145	155
70	320	235	206	200	196	190	180	190
95	385	280	246	240	235	225	215	225
120	450	320	285	275	270	260	250	255
150	510	365	325	315	308	300	285	295
185	575	410	370	360	350	340	325	335
240	670	475	430	420	410	400	385	390
300	760	535	485	475	465	455	440	435
400	910	640	580	570	—	—	—	—
500	1 035	—	—	—	—	—	—	—
625	1 190	—	—	—	—	—	—	—
800	1 380	—	—	—	—	—	—	—
1 000	1 585	—	—	—	—	—	—	—

Den Belastungszahlen ist eine Leiterübertemperatur von 25° C bei der Verlegung eines Kabels in der üblichen Verlegungstiefe von 70 cm in Erde zugrunde gelegt. Liegen mehrere Kabel in demselben Graben nebeneinander, so vermindern sich die Werte für 2 Kabel auf 90 v. H., für 4 Kabel auf 80 v. H., für 6 Kabel auf 75 v. H. und für 8 Kabel auf 70 v. H. Sind in demselben Graben mehrere Lagen von Kabeln übereinander verlegt, so sind die zulässigen Belastungen von Fall zu Fall festzustellen. Bei Verlegung von Kabeln in Luft ist es empfehlenswert, mit 75 v. H. der Tabellenwerte zu rechnen. Bei Verlegung in Kanälen oder in Rohren ist eine weitere Verminderung von 10 v. H. am Platze. Bei Anhäufung in Kanälen oder Rohrblöcken sind außerdem die für Verlegung in Erde gegebenen Verminderungen vorzunehmen.

Tafel 9: Höchste, dauernd zulässige Stromstärke in A für im Erdboden verlegte Kupferkabel.

Querschnitt	Durchmesser über			Fabrikationslänge	Durchmesser über			Fabrikationslänge	Durchmesser über			Fabrikationslänge
	Bleimantel	Bewehrung	Gesamt		Bleimantel	Bewehrung	Gesamt		Bleimantel	Bewehrung	Gesamt	
qmm	etwa mm	etwa mm	etwa mm	etwa m	etwa mm	etwa mm	etwa mm	etwa m	etwa mm	etwa mm	etwa mm	etwa m
Für Spannungen bis 1 kV												
	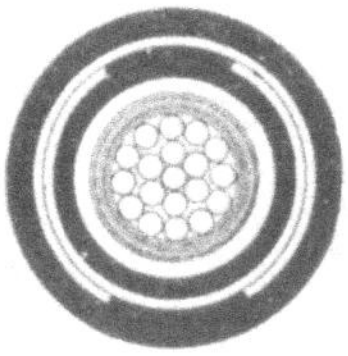				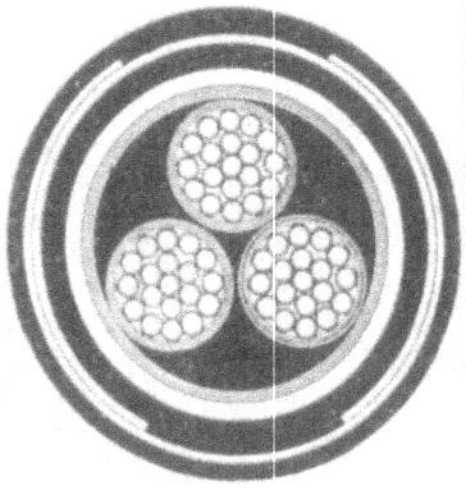				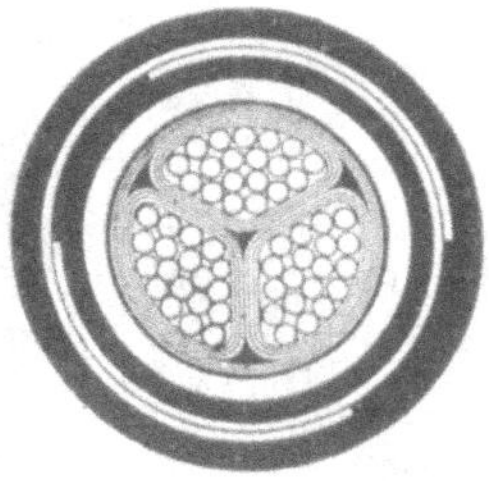			
	Einleiterkabel NKBA 1 kV, Leiter rund				Dreileiterkabel NKBA 1 kV, Leiter rund				Dreileiterkabel NKBA 1 kV, Leiter sektorförm.			
1,5[1]	7	12,8[2]	16	1 000	9,9	14,9	18	1 000	Wird nicht ausgeführt			
2,5[1]	7,4	13,2[2]	16,5		10,8	15,8	19					
4[1]	7,9	13,7[2]	17		11,9	16,9	20					
6[1]	8,4	13,4	17		13,2	18,2	21,5					
10[1]	9,2	14,2	17,5	1 000	15,1	20,1	23	1 000	14,1	19,1	22	1 000
16	10,7	15,7	19		18,3	23,3	27		16,9	21,9	25	
25	12,8	17,8	21		22	28	32		19,8	24,8	28	
35	14	19	22		24,7	30,7	35		21,9	27,9	32	
50	15,8	20,8	24	1 000	28,4	34,4	39	1 000	24,8	30,8	35	1 000
70	17,5	22,5	26		32,8	38,8	43	850	28	34	38	950
95	19,5	24,5	28		36,8	44	48	650	31,6	37,6	42	800
120	21	27	31		40,9	48,1	52	550	35	41	45	650
150	23,3	29,3	34	1 000	44,8	52	56	500	38,8	46	50	500
185	25,1	31,1	35		49,7	56,9	61	400	43,6	50,8	55	450
240	28,3	34,3	39		55,3	62,5	67	300	48,4	55,6	60	350
300	30,9	36,9	41	800	61,8	70,8	75	250	53,7	60,9	65	300
400	34,6	40,6	45	650	69,7	78,7	83	200	Wird nicht ausgeführt			
Für Spannungen über 1 kV												
	Dreileiterkabel NKBA 6 kV, Leiter rund				Dreileiterkabel NKBA 10 kV, Leiter rund				Dreileiterkabel NKBA 15 kV, Leiter rund			
10	23,4	29,4	34	1 000	28,3	34,3	39	1 000	Wird nicht ausgeführt			
16	26,8	32,8	37		31,7	37,7	42					
25	29,8	35,8	40		34,7	40,7	45	950	41,5	48,7	53	700
35	32,4	38,4	43		37,5	44,7	49	750	44,2	51,4	56	600
50	36,2	43,4	48	750	41,2	48,4	53	650	47,9	55,1	59	500
70	40,1	47,3	52	650	45	52,2	57	550	52	59,2	64	450
95	44,2	51,4	56	550	49,3	56,5	61	450	56	63,2	68	400
120	47,6	54,8	59	450	52,8	60	64	400	59,5	68,5	73	350

[1]) Leiter eindrähtig. [2]) Wird normal mit Eisendrahtbewehrung ausgeführt NKRA.

Tafel 10: Aufbau von eisenbandbewehrten, asphaltierten Erdkabeln.

Bild 43. Veraltete Lichtleitungsverlegung in einem Brauerei-Lagerkeller

Die Verteilung der Lichtenergie erfolgt innerhalb der Betriebsräume vielfach noch durch Gummiaderleitungen (Typ NGA), die auf Porzellanisolatoren verlegt werden. Gegen diese Art der Installation bestehen in bezug auf die Isolierung an sich keine Bedenken, sofern eine zweckentsprechende Montage gewährleistet ist. Es ist jedoch zu beachten, daß derartige Leitungen nach den Errichtungsvorschriften im Handbereich eine Schutzverkleidung erhalten müssen.

Bei genügender Raumhöhe verlegt man daher die Leitungen dicht unter der Decke (Bild 43). Eine unbedingte Gewähr dafür, daß die Leitungen dem Handbereich entzogen sind, ist bei dieser Art der Verlegung nicht gegeben. Es kann besonders in Lagerräumen, Malzböden usw. vorkommen, daß Leitungsteile, die im normalen Betriebszustand mit der Hand nicht zu erreichen sind, durch Aufstapeln von Fässern, Kisten, durch Aufschütten von Gütern, durch Leitern usw. in den Handbereich gelangen. Außerdem ist es nachteilig, daß wegen der Verschmutzung der Porzellanisolatoren eine dauernde Pflege notwendig ist und Beschädigungen der Leitungen und Isolatoren durch Leitern u. dgl. zu häufigen Störungen Veranlassung geben.

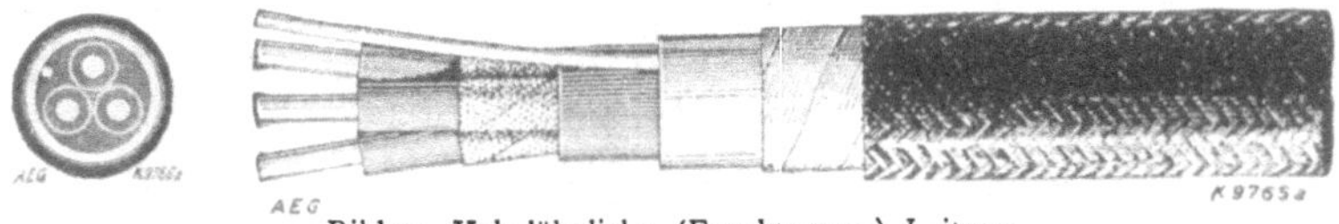

Bild 44. Kabelähnliche (Feuchtraum-) Leitung

Zur Behebung dieser Übelstände ging man dazu über, die Leitungen in Stahlpanzerrohr zu verlegen. Eine derartige Installation hat jedoch in feuchten Räumen, in denen mit Temperaturschwankungen zu rechnen ist, den Nachteil, daß sich in den Rohren leicht Schwitzwasser bildet. Hierdurch können Isolationsstörungen verursacht werden. Überdies wurden zur Vermeidung des Durchrostens der Rohre infolge der Luftfeuchtigkeit regelmäßige Rostschutzanstriche erforderlich.

Um diesen Schwierigkeiten zu entgehen, werden für die Lichtinstallation wie auch für die Installation im Freien (für Reklamebeleuchtungen usw.) die kabelähnlichen Leitungen (auch Feuchtraumleitungen genannt) verwendet.

Es sind dies Leitungen, die infolge ihres Aufbaues einen guten Schutz gegen Isolationsstörungen und auch gegen chemische Einflüsse bieten. Sie sind aus diesem Grunde nicht nur für feuchte Betriebsräume gut geeignet, sondern auch in Räumen, in denen mit Säuredämpfen, hohen Temperaturen usw. zu rechnen ist, ferner in feuer- und explosionsgefährdeten Räumen.

Bild 45. Neuzeitliche Lichtleitungsverlegung im Lagerkeller der Firma Kempinski & Co., Berlin

Das Anwendungsgebiet der kabelähnlichen Leitungen beschränkt sich infolge ihrer vielfachen Vorzüge nicht nur auf die Lichtinstallation, sie werden vielmehr auch für den Anschluß von Motoren kleinerer Leistung mit Vorteil verwendet.

Derartige kabelähnliche Leitungen besitzen eine Mehrfachleitung nach Art der für ortsveränderliche Gebrauchsapparate üblichen Gummischlauchleitungen, die aber noch zum Schutze gegen mechanische Beschädigungen mit einem Metallmantel umgeben sind. Durch eine äußere Beflechtung des Metallmantels werden chemische Einflüsse auf die Drähte wirksam verhindert. Die Bildung von Niederschlagwasser im Innern der Leitung wird mit Sicherheit vermieden, da die Kupferleitungen gemeinsam durch einen Weichgummi dicht umhüllt werden. Bild 44 zeigt eine kabelähnliche Leitung mit drei stromführenden Adern. Die vierte, unter dem Bleimantel angeordnete Leitung ist der Beidraht, mit dem alle kabelähnlichen Leitungen ausgerüstet werden. Er dient als Schutzleitung für metallene Garniturteile, Schaltergehäuse usw. (s. Abschnitt Stromart und Spannung).

Kabelähnliche Leitungen werden auf Abstandschellen unmittelbar an der Decke oder an der Wand verlegt (Bild 45). Für die Verlegung im Erdboden sind sie jedoch nicht zulässig.

Die Abstandschellen werden zweckmäßig aus verzinktem bzw. verbleitem Eisen oder aus Isolierstoff oder aus getränktem Holz hergestellt. Die Garniturteile werden ähnlich denen für Stahlpanzerrohr ausgeführt. Jedoch

Bild 46. Abgzweigdose mit einmontiertem Feuchtraumleitungen

sind die Anschlußstutzen als Stopfbuchsen ausgebildet, wobei die Abdichtung der eingeführten Leitungen durch einen eingelegten Gummiring erfolgt. In Bild 46 ist eine Abzweigdose mit eingebautem Mittelkontakt dargestellt, an den die Schutz gegen Berührung spannungführender Teile gewährenden Beidrähte angeschlossen werden. Der Deckel der Abzweigdose ist mit einer luft- und feuchtigkeitsicheren Abdichtung versehen. In ähnlicher Art werden bei einer Feuchtrauminstallation die Schalter, Steckvorrichtungen, Leuchten u. dgl. angeschlossen.

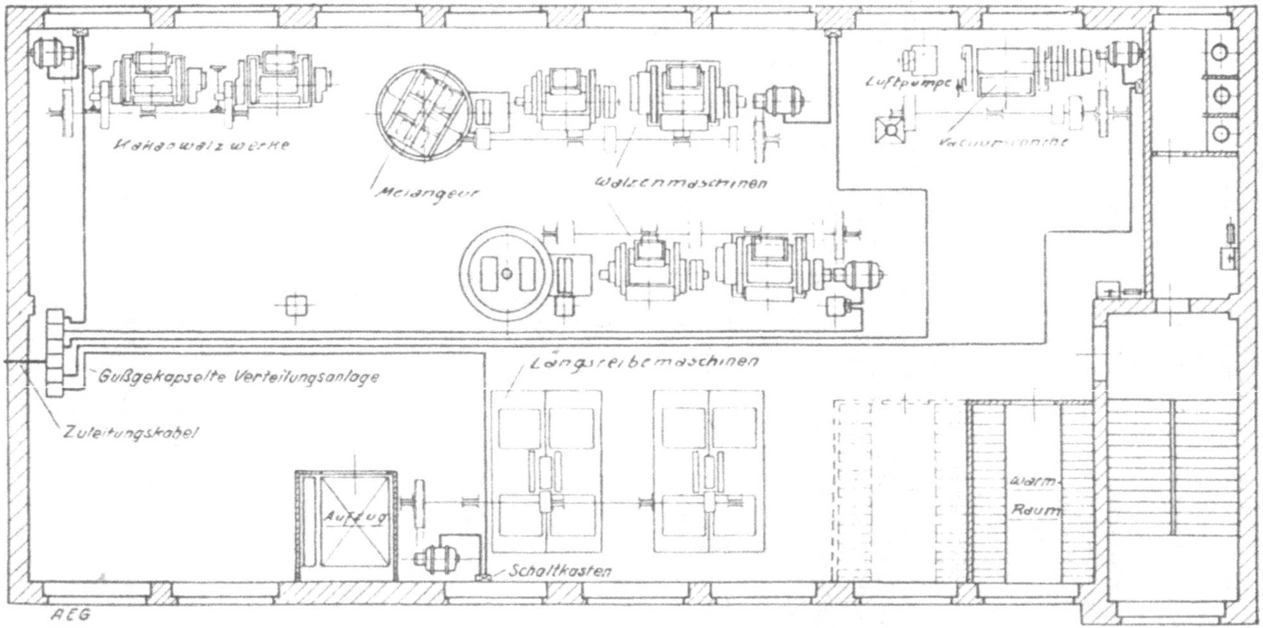

Bild 47. Stromverteilung in dem Maschinensaal einer Schokoladenfabrik

Verteilungsanlagen in den Betriebsräumen

Direkte Kabelzuleitungen von der Hauptschaltanlage zu dem Stromverbraucher sind nur für Motoren großer Leistung üblich. Für den Anschluß der übrigen Motoren an das Verteilungsnetz werden in den Betriebsräumen Speisepunkte vorgesehen, wie dies aus Bild 47 ersichtlich ist. Mit Rücksicht auf die besonderen Bedingungen in den Betriebsräumen der Nahrungsmittelindustrie (Auftreten von Staub und Luftfeuchtigkeit, rauhe Behandlung durch elektrotechnisch ungeschultes Personal usw.) sollte für den Aufbau derartiger Speisepunkte in jedem Falle das sogenannte eisengekapselte Schaltmaterial benutzt werden.

Derartige eisengekapselte Schaltanlagen bestehen im allgemeinen aus Sammelschienenkasten, auf die je nach Bedarf, oben oder unten, häufig auch beiderseitig, Sicherungs- oder Motorschaltkasten angesetzt werden. Die von der Verteilungsanlage zu den einzelnen Motoren abgehenden Kabelleitungen können daher entsprechend der Stromstärke der angeschlossenen Stromverbraucher gesichert werden. Die Sammelschienen, Schalter und Sicherungen werden hierbei in Guß- bzw. in Stahlgehäusen eingebaut, die durch

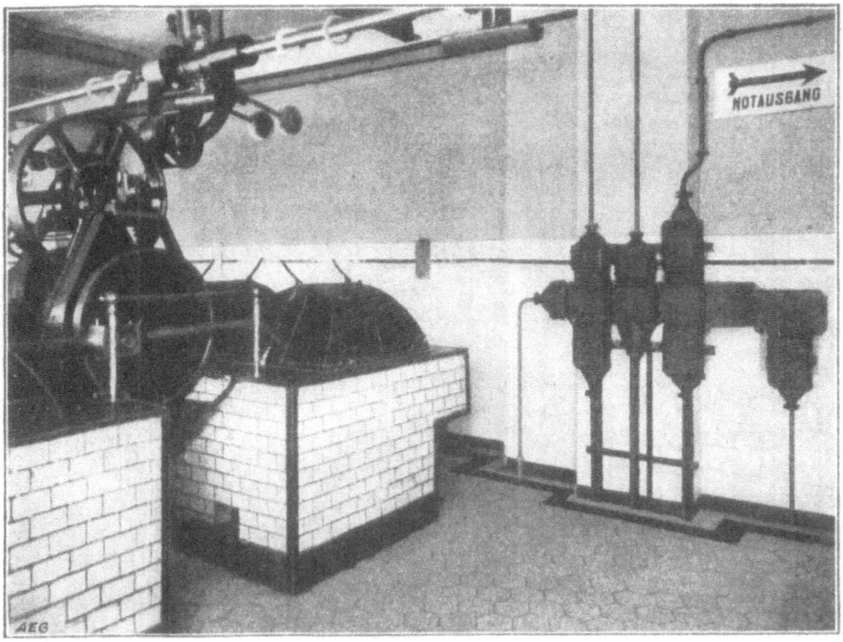

Bild 48. Gußeisengekapselte Verteilungsanlage im Conchenraum der Schokoladenfabrik Gebr. Stollwerck AG., Berlin

gut abdichtende Deckel oder Türen verschlossen sind. Den empfindlichen elektrischen Apparaten wird somit ein genügender mechanischer Schutz gewährt, wobei sie gleichzeitig einer zufälligen Berührung durch das Bedienungspersonal vollkommen entzogen sind. Die Bedienung dieser Anlagen kann daher ohne Bedenken auch elektrotechnisch ungeschulten Arbeitskräften überlassen werden. Eine einwandfreie Betriebskontrolle ist durch Einbau von Zählern, Stromwandler- und Instrumentenkasten auch bei den eisengekapselten Verteilungsanlagen jederzeit möglich.

In feuchten Räumen ist auf eine möglichst weitgehende Unterteilung der Verteilungsanlagen zu achten, da hier selbst bei gewissenhafter Ausführung der Montage in erhöhtem Maße mit Isolationstörungen zu rechnen ist. Durch Beschränkung etwaiger Betriebstörungen durch derartige Schäden auf einen möglichst kleinen Teil der Anlage werden sich die etwas höheren Anlagekosten, die durch Wahl einer größeren Anzahl von Kabeln und Verteilungsanlagen entstehen, während des Betriebes bald bezahlt machen. Beispiele für den Aufbau und die Anordnung von eisengekapselten Schaltanlagen geben die Bilder 48 und 49. Bei der in Bild 48 dargestellten Anlage wurde die Unterbringung an einem Mauerpfeiler durch Verwendung von Eck- bzw. Winkelsammelschienenkasten ermöglicht.

Bild 49. Gußeisengekapselte Verteilungsanlage mit Abzweigen für die Antriebsmotoren der Flaschenreinigungs- und Füllanlage und der Pumpen in der Schultheiß-Patzenhofer AG., Abt. I, Berlin

Stromverbraucher

Motoren zum Antrieb der Arbeitsmaschinen

Ausführungsform der Motoren

Ein Gleichstrommotor besteht im wesentlichen aus dem feststehenden Gehäuse, in welches die Feldmagnete eingebaut sind, und dem Anker (Bild 50). Die Ankerspulen sind einzeln mit zylindrisch aneinandergefügten, gegenseitig aber isolierten Kupferstreifen verbunden, die zusammen den Kollektor oder Kommutator bilden. Der Kollektor sitzt ebenfalls auf der Motorwelle und läuft mit dem Anker um. Die Stromzuführung erfolgt durch Metall- oder Kohlebürsten, die auf dem Kollektor gleiten.

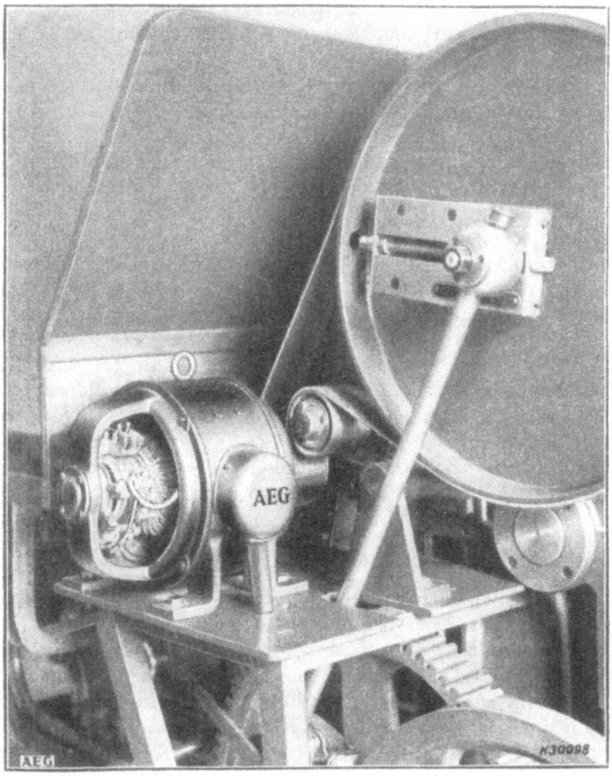

Bild 50. Gleichstrom-Nebenschlußmotor

Die Eigenschaften eines Gleichstrommotors werden von der Art der Schaltung der Magnetwicklung bestimmt. Man unterscheidet drei Ausführungsformen:

Nebenschlußmotoren, deren Drehzahl von der Belastung praktisch unbeeinflußt bleibt,

Reihenschlußmotoren, die bei Abnahme der Last höhere Drehzahlen annehmen und bei völliger Entlastung „Durchgehen“, demnach nur dort Verwendung finden können, wo keine Entlastung eintreten kann (Kran- und Bahnbetrieb),

Doppelschlußmotoren, bei denen ein Durchgehen zwar nicht möglich ist, die Drehzahl jedoch bei sinkender Belastung je nach der Ausführung steigt.

In der Mehrzahl der Fälle wird man zum Antrieb der Arbeitsmaschinen Nebenschlußmotoren verwenden.

Beim Anlassen muß ein Widerstand in den Ankerstromkreis gelegt werden, da dessen Widerstand bei Stillstand so gering ist, daß der Strom ohne diesen Widerstand unzulässig hohe Werte annehmen könnte. Dieser Anlaßwiderstand wird bei zunehmender Drehzahl stufenweise abgeschaltet und endgültig vollkommen kurzgeschlossen, wenn der Motor die volle Drehzahl erreicht hat.

Man kann also den Motor mit niedrigen Drehzahlen betreiben, wenn man einen Teil des Widerstandes vorgeschaltet läßt. Die Verwendung von Anlaßwiderständen für diese Zwecke ist jedoch unzulässig, da sie bei dauernder Einschaltung zu warm werden. Es müssen vielmehr besonders ausgelegte Regelwiderstände vorgesehen werden. Bei einer derartigen Ankerregelung wird jedoch Energie im Widerstand vernichtet; außerdem wird die vorgesehene Drehzahlverminderung nur bei voller Belastung des Motors erreicht. Verringert sich die Belastung, so läuft der Motor schneller und umgekehrt.

Eine andere Möglichkeit der Drehzahlregelung von Gleichstrommotoren bietet die Nebenschlußregelung. Die Stromstärke der Magnetspulen wird hierbei durch Einschaltung von Widerständen verringert. Durch eine derartige Schwächung des magnetischen Feldes wird die Drehzahl entsprechend erhöht. Da der Strom in den Feldmagneten nur sehr gering ist, sind mit der Drehzahlveränderung praktisch keine Verluste verbunden. Außerdem ist es von Vorteil, daß die Regelung im Gegensatz zu der Ankerregelung unabhängig von der Belastung des Motors möglich ist. Die Anlagekosten sind jedoch bei der Wahl der verlustlosen Nebenschlußregelung am höchsten, da der Motor für die volle Leistung bei der niedrigsten Drehzahl ausgelegt werden muß.

Man kann natürlich auch die Anker- und Nebenschlußregelung in einer Maschine vereinigen. Diese Möglichkeit würde man in dem Falle mit Vorteil ausnutzen, wenn der Betrieb des Motors in dem niedrigen Drehzahlbereich verhältnismäßig selten vorkommt. Diesen würde man dann mit der mit Verlusten verbundenen Ankerregelung beherrschen und von einer mittleren, je nach den Betriebsbedingungen zu wählenden, Drehzahl verlustlos nach oben regeln. Die Anlagekosten werden hierbei infolge der höheren Grunddrehzahl des Motors geringer. Die zweckmäßigste Lösung muß daher in jedem Einzelfalle ermittelt werden.

Bei den Drehstrom-Asynchronmotoren ist zwischen Schleifringläufermotoren und schleifringlosen Motoren zu unterscheiden. Beiden gemeinsam ist die Tatsache, daß der Strom dem Ständer, dem feststehenden Teil, zugeführt wird. In dem Gehäuse des Ständers sind drei Wicklungen untergebracht, die in Stern oder in Dreieck geschaltet sein können.

Für einen in Stern geschalteten Motor ist eine 1,73mal höhere Spannung erforderlich als bei Dreieckschaltung. Durch diese Beziehung ist es möglich. z. B. einen für 380 Volt Stern geschalteten Motor auch für 220 Volt Dreieck zu verwenden.

Dem Läufer der Drehstrommotoren wird im Gegensatz zum Gleichstrom kein Strom unmittelbar zugeführt. In den Wicklungen des Läufers entstehen Ströme nur durch Induktion. Irgendwelche Stromzuführungsapparate brauchen daher an sich nicht vorgesehen zu werden, was auch bei den schleifringlosen Kurzschlußläufermotoren zutrifft. Bei diesen kann man dann allerdings auch keinen Einfluß auf die beim Anlauf auftretenden Ströme ausüben, wenn die Ständerwicklungen unmittelbar an die volle Netzspannung gelegt werden.

Wird hierauf Wert gelegt, so muß der Läufer drei Schleifringe erhalten, auf denen Bürsten gleiten, an die ein Widerstand angeschlossen wird. Die gleiche Maßnahme ist bei Drehstrommotoren, deren Drehzahl geregelt werden soll, zum Anschluß der Regelwiderstände notwendig.

Die Verhältnisse sind hier die gleichen wie bei der Ankerregelung von Gleichstrommotoren. Es wird demnach auch hier bei einer Herabsetzung der Drehzahl Energie in den Widerständen vernichtet. Da die Einschaltung der Widerstände bei der Drehzahlregelung dauernd notwendig ist, müssen auch die Bürsten dauernd auf den Schleifringen aufliegen. Man spricht in diesem Falle von einem Regulierschleifringläufermotor.

Wird der Widerstand dagegen nur zur Beherrschung der Anlaufstromstärke benutzt, so ist die Verbindung zwischen Läufer und Widerstand nur während der Zeit des Anlaufes notwendig. Nach Beendigung des Anlaufvorganges werden daher die Bürsten durch die Bürstenabhebevorrichtung von den Schleifringen abgehoben und die letztgenannten durch die Kurzschlußvorrichtung untereinander verbunden. Diese Anlaßschleifringläufermotoren arbeiten demnach nach Betätigung der Bürstenabhebe- und Kurzschlußvorrichtung in der gleichen Art wie die Kurzschlußläufermotoren.

Den Aufbau eines Schleifringläufermotors läßt Bild 51 und den eines Kurzschlußläufermotors Bild 52 erkennen. Man ersieht daraus, daß der Kurzschlußläufermotor wesentlich einfacher gebaut ist als der Motor mit Schleifringläufer.

Bild 51. Drehstrom-Asynchronmotor mit Anlaß-Schleifringläufer

Schleifringläufermotoren haben den Vorzug, daß sie unter allmählichem Einschalten des Läuferwiderstandes ohne Überschreitung des Nennstromes das Nenndrehmoment entwickeln und bei entsprechend größerer Stromaufnahme das 1,6- bis 2,5fache des Nenndrehmomentes. Sie sind also ohne weiteres auch für schwer anlaufende Arbeitsmaschinen geeignet.

Ein Motor mit Kurzschlußläufer normaler Bauart hingegen, der mittels eines Schalters direkt an die volle Netzspannung gelegt wird, nimmt beim Anlauf den etwa 6- bis 7fachen Normalstrom auf. Um diese hohe Stromaufnahme zu vermindern, kann man zum Anlassen des Kurzschlußläufermotors einen Sterndreieckschalter verwenden. Der Stromstoß beträgt in diesem Falle das 2- bis 2,5fache des Normalstromes, jedoch geht auch das Anlaufmoment auf etwa 50 v. H. des normalen Drehmomentes zurück. Das geringe Drehmoment bei Sterndreieckschaltung verbunden mit der immer noch verhältnismäßig großen Stromaufnahme schränkten die Verwendungsmöglichkeit der Kurzschlußläufermotoren erheblich ein.

Man hat daher verbesserte Ausführungsformen geschaffen, die unter den Namen Doppelnutmotoren, Wirbelstromläufermotoren, Dreinutmotoren usw. auf den Markt gekommen sind. Auf die konstruktiven Einzelheiten soll hier nicht näher eingegangen werden. Bezweckt wird bei allen diesen Typen, die Anlaufverhältnisse zu verbessern und sie den Erfordernissen der Arbeitsmaschinen anzupassen. Jedenfalls stehen heutzutage schleifringlose Drehstrommotoren zur

Bild 52. Drehstrom-Kurzschlußläufermotor

Verfügung, die je nach dem Verwendungszweck für 1,2- bis 1,8faches Anzugmoment und 3- bis 5fachen Normalstrom bei direkter Einschaltung bzw. bis 70 v. H. Anzugmoment bei etwa 1,6fachem Strom bei Sterndreieckschaltung ausgelegt werden können.

Für den Antrieb von Arbeitsmaschinen mit belastetem Anlauf wird man also den Schleifringläufermotor verwenden. Infolge seines einfachen Aufbaues und seiner einfachen Bedienung ist jedoch der schleifringlose Kurzschlußläufermotor in verbesserter Ausführung nach Möglichkeit zu bevorzugen, wenn es die Anlaufverhältnisse der anzutreibenden Maschine gestatten.

Einige Elektrizitätswerke schreiben für das Anlassen dieser Motoren bei größeren Leistungen einen Sterndreieckschalter vor, damit der Einschaltstrom den bei einem Schleifringläufermotor üblichen 1,6fachen Wert nicht überschreitet. Das hierbei zur Verfügung stehende Anzugmoment reicht für zahlreiche leeranlaufende Arbeitsmaschinen und selbst für kürzere Transmissionen aus, wenn die angeschlossenen Arbeitsmaschinen während des Anlaufes ausgerückt werden können. Häufig wird es aber möglich sein, Motoren mittlerer und kleinerer Leistung bei zweckmäßiger Auslegung direkt einzuschalten.

Für die in der Nahrungsmittelindustrie vorkommenden Arbeitsmaschinen mit Ausnahme sehr schwer anlaufender Walzen, Misch- und Brechmaschinen, Mühlen u. dgl. genügt meistens ein Anzugmoment von etwa 120 bis 130 v. H. Der Anlaufstrom hat hierbei etwa den dreifachen Wert des Normalstromes. Diese Stromstöße spielen in Betrieben mit eigener Kraftzentrale keinerlei Rolle und selbst bei Anschluß an ein Elektrizitätswerk über eine Transformatorenstation dürften sie zu Beanstandungen kaum Veranlassung geben.

Für die Regelung der Drehzahl stehen in Drehstromanlagen neben den bereits erwähnten Regulier-Schleifringläufermotoren mit Widerstandsregelung für Leistungen von etwa 5 PS aufwärts noch die Drehstromkollektormotoren zur Verfügung.

Bei diesen ist der Ständer ebenso ausgeführt wie bei den normalen Motoren, der Läufer hingegen besitzt einen Kollektor ähnlicher Bauart wie bei einem Gleichstrommotor. Die Regelung der Drehzahl ist in den Grenzen von $\pm$ 50 v. H. bezogen auf die synchrone Drehzahl bei konstantem Drehmoment stufenlos ohne nennenswerte Verluste im allgemeinen durch einfache Verstellung der Bürsten möglich. Sie sind daher in bezug auf die Möglichkeit der Drehzahlregelung den Gleichstrommotoren mit Nebenschlußregelung gleichzusetzen.

Für Leistungen bis etwa 5 PS gibt es dann noch die Einphasen-Repulsionsmotoren, bei denen eine wirtschaftliche Regelung der Drehzahl bis etwa 35 v. H. nach unten möglich ist.

Leonard-Aggregate, bei denen ein Drehstrommotor einen Gleichstromgenerator antreibt, der wiederum einen Gleichstrommotor mit veränderlicher Spannung speist, kommen für die verhältnismäßig kleinen Antriebsleistungen der regelbaren Arbeitsmaschinen in der Nahrungsmittelindustrie kaum vor. Sie seien jedoch der Vollständigkeit halber erwähnt. Die Regelung der Drehzahl des Antriebsmotors wird hier durch Veränderung der Spannung der Leonard-Dynamo erzielt.

Die Frage, ob in einer mit Drehstrom versorgten Anlage die Verwendung von Gleichstrom oder Drehstrom bzw. welche Art von Drehstrommotoren für die regelbaren Antriebe die wirtschaftlichste Lösung darstellt, kann nur entschieden werden, wenn genaue Angaben über die Art der Betriebsführung und über die durchschnittlichen jährlichen Betriebstundenzahlen vorliegen, mit denen zu fahren beabsichtigt wird.

	Isolierstoff	Baumwolle, Seide, Papier und ähnliche Faserstoffe						Lackdraht				Glimmer- und Asbestpräparate und ähnliche mineralische Stoffe		Glimmer	Porzellan, Glas, Quarz u. ähnliche feuerfeste Stoffe	unisoliert
	Behandlung	ungetränkt u. nicht unter Öl		getränkt		in Füllmasse oder unter Öl		—		in Füllmasse oder unter Öl		mit Bindemittel		ohne Bindemittel	—	—
		Grenzerwärmung[1]) in °C	Grenztemperatur in °C	Grenzerwärmung[1]) in °C	Grenztemperatur in °C	Grenzerwärmung[1]) in °C	Grenztemperatur in °C	Grenzerwärmung[1]) in °C	Grenztemperatur in °C	Grenzerwärmung[1]) in °C	Grenztemperatur in °C	Grenzerwärmung[1]) in °C	Grenztemperatur in °C			
Wicklungen mit Isolierung	In Nuten gebettete Wechselstromständerwicklung	40	75	50	85	60	95	50	85	60	95	80	115	Nur beschränkt durch den Einfluß auf die benachbarten Isolierteile		—
	Einlagige Feldwicklungen, ebenso zweilagige Feldwicklungen in Volltrommelläufer	60	95	70	105	70	105	70	105	70	105	90	125			—
	Dauernd kurzgeschlossene Wicklungen	55	90	65	100	65	100	65	100	65	100	85	120			—
	Alle anderen Wicklungen	50	85	60	95	60	95	60	95	60	95	80	115			—

		Grenzerwärmung in °C[1])	Grenztemperatur in °C
Maschinenteile, unisoliert	Kommutatoren und Schleifringe	60	95
	Lager	45	80
	Eisenkerne mit eingebetteten Wicklungen	Wie die Wicklungen	
	Eisenkerne ohne eingebettete Wicklungen	Nur beschränkt durch den Einfluß auf benachbarte Isolierteile	
	Alle anderen Teile	Nur beschränkt durch den Einfluß auf benachbarte Isolierteile	

Meßverfahren	
Alle Wicklungen, mit Ausnahme der dauernd kurzgeschlossenen	Widerstandzunahme und Thermometermessung
Dauernd kurzgeschlossene Wicklungen sowie alle anderen Teile	Thermometermessung

[1]) D. h. Temperaturerhöhung über das kühlende Mittel, z. B. die umgebende Luft.

Tafel 11: Höchstzulässige Grenzwerte für Temperatur und Erwärmung elektrischer Maschinen, zusammengestellt nach den REM.

Gleichstrom

Motorleistung	110 Volt	220 Volt	440 Volt	500 Volt
1 PS	9,0	4,5	2,2	1,86
2 „	8,6	4,3	2,1	1,83
3— 5 „	8,2	4,05	2,0	1,78
6— 25 „	7,8	3,9	1,94	1,73
26— 50 „	7.6	3,8	1,9	1,66
51— 75 „	7,54	3,74	1,87	1,63
76—100 „	7,5	3,27	1,86	1,62
im Mittel	8	4	2	1,8

Bei 3 kV Drehstrom etwa 0,2 A je PS.

Drehstrom

Motorleistung	125 Volt	220 Volt	380 Volt	500 Volt
1 PS	5,16	2.94	1,69	1,3
2 „	5,09	2,88	1,67	1,27
3— 5 „	4,86	2,76	1,61	1,23
6— 25 „	4,8	2,7	1,58	1,2
26— 50 „	4.46	2,54	1,46	1,1
51— 75 „	4.38	2,49	1,44	1,09
76—100 „	5,29	2,44	1,4	1,07
im Mittel	4,7	2,7	1,55	1,2

Bei 6 kV Drehstrom etwa 0,1 A je PS.

Tafel 12: Annähernder Stromverbrauch der gebräuchlichsten Motoren bei Vollast in A für eine Pferdestärke.

Die Leistung normaler Motoren wird durch die Temperatur begrenzt, die sie im Dauerbetrieb, d. h. ununterbrochenem Tag- und Nachtbetrieb, annehmen. Die höchstzulässigen Grenzwerte von Temperatur und Erwärmung der Motoren sind in den Regeln für die Bewertung und Prüfung von elektrischen Maschinen (REM.) festgelegt und müssen von den herstellenden Firmen eingehalten werden.

Es sind hiernach je nach dem Maschinenteil, Art der Wicklung und Ausführung und Behandlung des Isolierstoffes Grenztemperaturen von 75 bis 125° C zulässig. Ein Motor ist also keineswegs überlastet bzw. gefährdet, wenn ein Auflegen der Hand z. B. auf das Gehäuse eines in Betrieb befindlichen Motors wegen der hohen Temperaturen nicht möglich ist.

Außerdem ist zu beachten, daß die höchstzulässige Temperatur bei verschiedenen Teilen der Maschinen auch dann erreicht wird, wenn der Motor ohne oder mit geringer Last läuft. Man kann demnach nicht auf ungenügende Bemessung bzw. einen Fehler in der Maschine schließen, wenn in diesem Betriebsfall Temperaturen festgestellt werden, die den Grenzwerten nahe kommen.

Die höchstzulässigen Grenzwerte von Temperatur und Erwärmung elektrischer Maschinen, zusammengestellt nach den REM, ergeben sich aus Tafel 11.

Die Erwärmung eines Motors wird von seiner Stromaufnahme be-

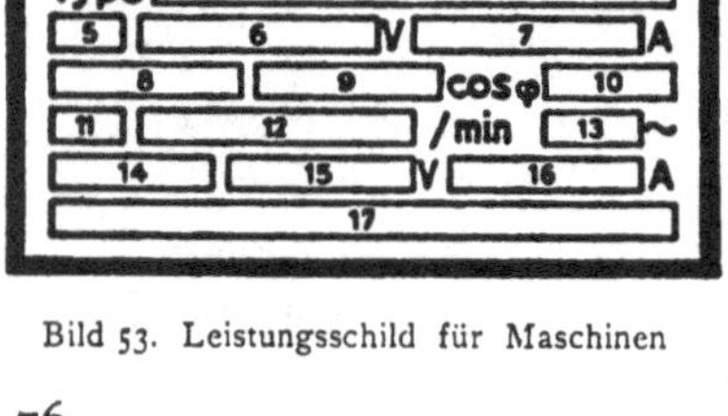

Bild 53. Leistungsschild für Maschinen

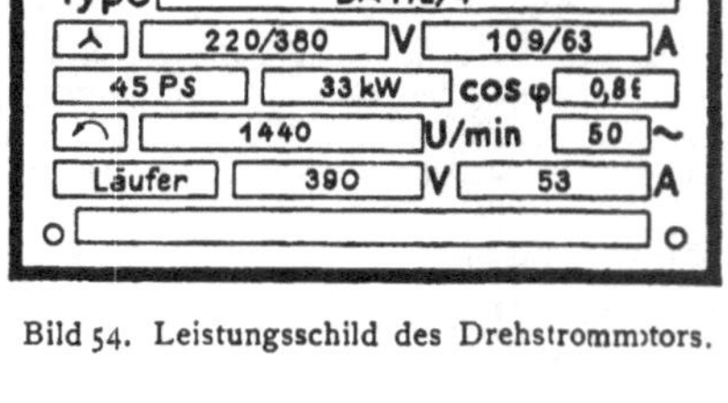

Bild 54. Leistungsschild des Drehstrommotors.

einflußt, diese wiederum wird neben dem Wirkungsgrad und bei Drehstrommotoren dem Leistungsfaktor hauptsächlich von der Höhe der Belastung bestimmt. Halbbelastete Motoren z. B. haben einen geringeren Stromverbrauch als bei Vollast. Dieser Wert ist allerdings nicht ebenfalls die Hälfte der Vollaststromaufnahme, sondern liegt infolge des bei dieser Belastung geringeren Wirkungsgrades und Leistungsfaktors etwas höher. Der annähernde Stromverbrauch der gebräuchlichsten Motoren bei Vollast und verschiedenen Spannungen bei Gleich- und Drehstrom, bezogen auf eine Pferdestärke, wurde in Tafel 12 zusammengestellt.

Jeder Motor muß mit einem Leistungschild geliefert werden, auf dem außer dem Firmenzeichen der herstellenden Firma in die ein-

Feld	Benennung		Zeichen
1	Stromart	Gleichstrom	G
		Einphasenstrom	E
		Zweiphasenstrom	Z
		Drehstrom	D
		Sechsphasenstrom	S
2	Arbeitsweise	Generator	Gen
		Motor	Mot
		Blindleistungsmaschine	Bl. M (Phas)
		Einankerumformer	EU
		Kaskadenumformer	KU
3	Fabrikationsnummer		
4	Typenbezeichnung d. Maschine		
5	Schaltart	Einphasen m. 2 Leitern	$\vert$
		Einphas. m. Hilfsphase	⊥
		Zweiphasen m. 3 Leitern	L
		Zweiphasen m. 4 Leitern	×
		Dreiphasen in Dreieck	△
		Dreiphasen in Stern	Y
		Dreiphasen in Stern mit Nullpunkt	$\backslash\vert/$
		Sechsphasen i. Doppeldreieck	✡
		Sechsphasen i. Sechseck	[illegible]
		Sechsphasen i. Stern	✱
		n-Phasen, offen	$\vert^{n}$
		Durchmesserspannung	⦶
6	Nennspannung		
7	Nennstrom		

Feld	Benennung		Zeichen
8	Betriebsart	Dauerbetrieb	Kein Vermerk
		Kurzzeitiger Betrieb	KB bzw. DKB[1]
		Aussetzender Betrieb	AB bzw. DAB[2]
9	Leistung	Nennleistung bei sämtl. Motoren, Gleichstr.- u. Asynchrongeneratoren, Wechselstr.-Gleichstr.-Einankerumformern	kW
		Scheinleistung bei Synchrongenerat., Blindleistungsmaschinen, Gleichstr. - Wechselstr.-Einankerumform.	kVA
10	Nennleistungsfaktor[3]		
11	Drehrichtung	Rechtslauf der Antriebseite	→
		Linkslauf der Antriebseite	←
12	Nenndrehzahl		
13	Nennfrequenz		
14	Erregung		
	Läufer (Angabe der Schaltart fällt bei Dreiphasenläufer fort)		
15	Nennerregerspannung		
	Läuferspannung		
16	Erregerstrom bei Nennbetrieb		
	Läuferstrom		
17	Zusätzliche Vermerke		

[1]) Mit Angabe der Belastungsdauer. [2]) Mit Angabe der relativen Einschaltdauer.
[3]) Hinzufügung des Zeichens „u" bei Untererregung von Synchrongeneratoren, Synchronmotoren und Blindleistungsmaschinen.

Tafel 13: Zeichen für die Stempelung der Leistungsschilder.

zelnen Felder die in Tafel 13 zusammengestellten Angaben eingestempelt sein müssen. Die Anordnung der Felder ist aus Bild 53 zu erkennen. Bild 54 zeigt ein gestempeltes Leistungsschild für einen Drehstrom-Schleifringläufermotor.

Als Steuergeräte für die Motoren sind, soweit es sich um Gleichstrommotoren und Drehstrom-Anlaß- bzw. Regulier-Schleifringläufermotoren handelt, neben dem Ständerschalter noch Läuferanlasser vorzusehen. Diese Läuferanlasser werden für Halb- und Volllastanlauf mit luftgekühlten oder unter Öl liegenden Widerständen und Kontaktbahnen bzw. Schaltwalzen gebaut. Mit Rücksicht auf die rauhen Betriebsbedingungen in den Betrieben der Nahrungsmittel-Industrie bevorzugt man die ölgekühlten Anlasser.

Bei ihnen ist zu unterscheiden zwischen Metallanlassern mit unter Öl liegenden Widerständen und Kontaktbahnen und den nach Art der Straßenbahnkontroller gebauten Schaltwalzenanlassern. Die letztgenannten besitzen ebenfalls unter Öl liegende Widerstände, im Gegensatz zu den Metallanlassern jedoch eine ebenfalls unter Öl liegende Schaltwalze mit Kontaktsegmenten, von denen der Strom durch Kontaktfinger abgenommen wird.

In Drehstromanlagen besteht dann noch die Möglichkeit, einen Schaltwalzenanlasser mit eingebautem dreipoligen Ständerschalter zu verwenden (Bild 55), so daß also der getrennt aufzustellende Schaltkasten entfällt.

Das Einschalten des Motors und das Anlassen können bei diesem Anlasser mit einem Handgriff durch Drehen des Handrades vorgenommen werden. Der eingebaute dreipolige Ständerschalter kann mit dreiphasiger Überstrom- und Spannungsrückgangsauslösung versehen werden, so daß der Motor gegen Überlastungen, Zweiphasenlauf wie auch bei unzulässigem Absinken der Netzspannung ausreichend geschützt ist.

Bild 55. Schaltwalzen-Ölanlasser mit eingebautem dreipoligem Ständerschalter, mit dreiphasiger Überstrom- und Spannungsrückgangauslösung, aufgebautem Strommesser und Kabelendverschlüssen

Bild 56. Drehstrommotor mit angebautem Schaltwalzen-Ölanlasser

An Zubehör kann ein derartiger Schaltwalzenanlasser im allgemeinen einen aufgebauten Strommesser und angebaute Kabelendverschlüsse erhalten, durch die eine saubere und einwandfreie Montage der Zuleitungskabel ermöglicht wird.

Infolge ihrer leichten und einfachen Bedienung haben sich diese Schaltwalzenanlasser besonders in Betrieben mit elektrotechnisch ungeschulten Arbeitskräften bestens bewährt. Ein weiterer Vorzug dieser Anlasser besteht darin, daß sie an die Motoren angebaut werden können (Bild 56). Die bei Schleifringläufermotoren sonst so lästige Bedienung der Bürstenabhebevorrichtung wird bei dieser Art der Ausführung vom Anlasser mitübernommen.

Die Betätigung der Abhebevorrichtung erfolgt zwangsläufig durch ein auf die Handradwelle aufmontiertes Kettenrad in Verbindung mit einer Kette oder auch durch ein Kardangelenk.

Bauart der Motoren

Man unterscheidet die offene und die geschlossene Bauart, je nachdem, ob die Kühlluft durch Öffnungen in den Lagerschilden mit den Wicklungen des Motors unmittelbar in Berührung kommt oder durch entsprechende Ausbildung der Lagerschilde von den Wicklungen ferngehalten wird.

Abarten von den offenen Typen (Bild 57) sind die geschützten, tropfwassersicheren (Bild 58), spritz- und schwallwassersicheren Bauarten, bei denen die Kühlluft ungehindert in das Innere der Maschine gelangen kann.

Durch die geschützte Bauart wird das Eindringen größerer Fremdkörper in das Innere der Maschine verhindert. Die tropfwassersichere Bauart gewährt Schutz gegen senkrecht von oben fallende Wassertropfen, während bei spritz- und schwallwassersicherer Ausführung das Eindringen von Wasserstrahlen aus beliebiger Richtung verhindert wird.

Ganz geschlossene Motoren werden neuerdings verhältnismäßig selten verwendet, da bei ihnen zur Abführung der im Innern entstehenden Wärme nur die Oberfläche des Gehäuses zur Verfügung steht, wodurch die Maschinen groß und dementsprechend teuer werden.

Um eine möglichst weitgehende Wärmeableitung zu erzielen, führt man deshalb die geschlossenen Motoren mit Außenbelüftung aus derart, daß ein kräftiger Luftstrom über den Gehäuserücken geblasen wird. Dieser Luftstrom wird von einem Ventilator erzeugt, der außerhalb des geschlossenen Gehäuses auf der verlängerten Motorwelle angeordnet ist. Bei Motoren größerer Leistung wird das Gehäuse zur Vergrößerung der Abkühlungsfläche vielfach noch mit Längsrippen versehen (Bild 59). Der Ventilator selbst wird durch eine Haube gegen Beschädigungen und Berührung geschützt.

Bild 57. Drehstrommotor offener Bauart mit Anlaßschleifringläufer

Bild 58. Tropfwassergeschützter Motor

Bild 59. Geschlossener Motor mit Außenbelüftung größerer Leistung

Bild 60. Geschlossener Drehstrommotor mit beiderseitigen Rohranschlußstutzen

Geschlossene Motoren mit beiderseitigem Rohranschlußstutzen (Bild 60) schließen das Innere gegen die umgebende Raumluft ab; die Wicklungen kommen nur mit der Kühlluft, die einem anderen Raum als dem Betriebsraum durch die angeschlossenen Rohre entnommen wird, in Berührung.

Man kann sie daher verwenden, wenn die Raumluft aus irgend einem Grunde, z. B. wegen starken Staubgehaltes, nicht in das Innere des Motors gelangen soll. Ihr Anwendungsgebiet ist jedoch beschränkt, da die Kühlluft-Zu- und Abführungsrohre eine gewisse Länge — in der Regel etwa

Bild 61. Schlagwettergeschützter Drehstrommotor mit stahlgußgekapselten Schleifringen

5 m — nicht überschreiten dürfen. Andernfalls muß mit einer entsprechenden Leistungsverminderung des Motors gerechnet werden.

Wenn Motoren mit Rohranschlußstutzen aus räumlichen Gründen nicht verwendet werden können, greift man zu den oben beschriebenen außenbelüfteten Motoren, bei denen man bezüglich der Aufstellung vollkommen freie Hand hat.

Für die Verwendung in Räumen, in denen explosible Gase auftreten, gibt es dann noch die schlagwettergeschützte Bauart. Nach den „Vorschriften für die Ausführung schlagwettergeschützter elektrischer Maschinen, Transformatoren und Geräte" des VDE dürfen an diesen Motoren betriebsmäßig keine Funken auftreten.

Durch eine geeignete Abdeckung, ähnlich wie bei der tropfwassergeschützten Bauart, muß daher vermieden werden, daß Fremdkörper von oben in das Motorgehäuse fallen können.

Außerdem muß der Luftspalt vergrößert werden, damit der Läufer mit Sicherheit nicht an dem Ständergehäuse schleifen und somit zur Funkenbildung Veranlassung geben kann. Hierdurch ist eine Verschlechterung des Leistungsfaktors bedingt.

Weiterhin ist es notwendig, die Temperaturgrenze herabzusetzen, was eine Leistungsverminderung von etwa 10 bis 15 v. H. zur Folge hat.

Bei Schleifringläufermotoren müssen dann außerdem noch die Schleifringe außenliegend in einer Stahlgußkapselung angeordnet werden (Bild 61), die mit 8 at abgedrückt wird. Wenn dann das explosible Gas tatsächlich in das Innere der Schleifringkapselung gelangt und hier infolge der an den Schleifringen auftretenden Funken zur Entzündung gebracht wird, so bleibt die Explosion auf den Raum innerhalb der Kapselung beschränkt.

Daneben kann in diesen Fällen der vorstehend beschriebene ventiliert geschlossene Motor mit Rohrschlußstutzen, der sogenannte Durchzugtyp, gewählt werden, wenn die Luft-Zu- und -Abführungskanäle ins Freie geführt werden, so daß tatsächlich Frischluft zur Kühlung zur Verfügung steht.

Es sei besonders darauf hingewiesen, daß diese Vorschriften für die schlagwettergeschützte Bauart der Motoren nicht auf staubhaltige Betriebsräume angewendet werden müssen. Hier kann es nur zu einer Explosion kommen, wenn das Staubluftgemisch eine bestimmte Zusammensetzung hat. Um in ihnen eine Explosion herbeizuführen, ist es weiterhin notwendig, daß ein Funke an dem Motor auftritt, und zwar in dem Augenblick, in dem eine Staubwolke den Motor einhüllt. Die Wahrscheinlichkeit des gleichzeitigen Zusammentreffens dieser Voraussetzungen ist verhältnismäßig gering.

Aus diesem Grunde sind als explosionsichere Bauarten für derartige staubhaltige Betriebsräume alle geschlossenen und außenbelüfteten Motoren und die offenen Schleifringläufermotoren mit staubdicht gekapselten Schleifringen zulässig.

Eine Stahlgußkapselung ist demnach nicht erforderlich. Es genügt hier die staubdichte Kapselung, da diese das Ansammeln von Staub verhütet. Alle schleifringlosen Motoren brauchen auch in offener Bauart gegen Explosionsgefahr nicht geschützt zu werden, da es an ihnen keine Teile gibt, an denen betriebsmäßig Funken auftreten können.

Im übrigen ist in neuzeitlichen Anlagen das Vorhandensein einer Entlüftungsanlage vorauszusetzen, durch die eine Anreicherung der Luft mit Staub verhindert wird, und überdies die Arbeitsbedingungen für das in diesen Räumen tätige Personal verbessert werden.

Bei der Auswahl der Motorbauart muß auf die besonderen Betriebsbedingungen an dem Aufstellungsorte Rücksicht genommen werden. In den weitaus meisten Fällen wird man jedoch mit der offenen Motorbauart auskommen können. Trockener Staub greift z. B. die Wicklungen der Motoren nicht an, es muß nur dafür gesorgt werden, daß die zur Ventilation erforderlichen Lagerschildöffnungen durch regelmäßig etwa wöchentlich einmal vorzunehmendes Ausblasen mit Druckluft oder einem Blasebalg freigehalten werden.

Zweckmäßige Ausbildung der empfindlichen Lager vorausgesetzt, die gegen das Eindringen von Staub geschützt sein müssen, sollte daher schon mit Rücksicht auf diese Reinigung nach Möglichkeit die offene Bauart gewählt werden. Geschützte Bauarten, bei denen die Raumluft auch in das Innere der Motoren gelangt, erschweren die Durchführung einer derartigen gründlichen Reinigung. Bei den geschlossenen Bauarten hingegen ist das Innere des Motors zwar abgeschlossen. Während des Laufes erwärmt sich jedoch die im Innern befindliche Luft, die sich erst nach darauffolgendem Stillstand wieder abkühlt und dabei ihr Volumen verringert. Durch diesese sogenannte Atmen des Motors kann im Stillstand die staubhaltige Außenluft ins Innere hineingesaugt werden, wenn nicht für eine entsprechende Abdichtung an der Welle gesorgt wird. Andernfalls verschmutzen die Wicklungen auch, ohne daß mit so einfachen Mitteln wie bei der offenen Bauart eine gründliche Reinigung möglich ist.

Auch die Wicklungen müssen bei Auftreten von Kakao-, Zuckerstaub usw. der sich auf ihnen festsetzt, von Zeit zu Zeit gereinigt werden. Dies geschieht zweckmäßig durch Abwaschen mit Benzin. Für die Nachbehandlung der Wicklungen eignet sich lufttrocknender, rußfreier Asphaltlack (Isolierlack). Zum einwandfreien Auftragen des Lackes wird am besten eine Spritzpistole benutzt, deren Anschaffung sich in einem größeren Betriebe ohne Zweifel bezahlt machen würde.

Zu verwerfen ist allerdings die vielfach zu findende Lösung, einen Motor offener Bauart durch einen Blech- oder Holzschutzkasten zu umkleiden, um ihn so den Einwirkungen des Staubes zu entziehen.

Die Zuführung der für das einwandfreie Arbeiten des Motors unbedingt notwendigen Kühlluft wird durch ein solches, allseitig geschlossenes Gehäuse vollkommen unmöglich gemacht, so daß die Leistungsfähigkeit des Motors zum mindesten stark herabgesetzt wird, ganz abgesehen von den großen Gefahren, die eine unzulässig hohe Erwärmung des Motors für diesen selbst und für seine Umgebung besonders bei der Verwendung von Holzkasten mit sich bringt. Glaubt man, mit Rücksicht auf den Staubgehalt der Luft, auf eine Kapselung der Motoren nicht verzichten zu können, so sind die geschlossenen Motoren mit Außenbelüftung am Platze. Bei diesen ist durch die vorgesehene Rückenkühlung eine ausreichende Kühlluftzuführung bei Abschluß der elektrischen Teile der Maschinen gewährleistet, ohne daß man unzweckmäßige, gefahrbringende und eine wirtschaftliche Ausnutzung des Motors unterbindende Hilfsmaßnahmen anzuwenden braucht.

Das Auftreten von Tropf-, Spritz- oder Schwallwasser, z. B. in den Flaschenreinigungsanlagen der Brauereien, Weinkellereien und in ähnlichen Betriebsanlagen bedingt in der Regel die Wahl entsprechend geschützter Motorbauarten, jedoch wird es auch hier vielfach durch geeignete Aufstellung (s. Abschnitt „Antrieb der Arbeitsmaschinen") möglich sein, mit einem offenen Motor auszukommen.

Anders liegen die Verhältnisse in Betrieben, in denen wie z. B. in den Molkereien die Motoren regelmäßig mit einer Lauge abgewaschen werden, damit die Bildung von Bakterienherden vermieden wird. Hier sind nur geschlossene Motoren oder solche mit Außenbelüftung verwendbar.

Die Motoren müssen überdies eine glatte Oberfläche besitzen, die das Ansetzen von Bakterienherden an sich nicht begünstigt und eine leichte und gründliche Reinigung gewährleistet. Außerdem müssen die zum Schutze des angebauten Ventilators bei den außenbelüfteten Motoren vorhandenen Hauben mit Flügelschrauben oder dgl. so befestigt sein, daß sie bei der Reinigung leicht entfernt werden können. Für den Anschluß dieser Motoren an das Zuleitungskabel ist dann noch zu fordern, daß sie abnehmbare, wasserdichte Klemmenkasten besitzen, die eine Auswechselung des Motors gestatten, ohne daß die festverlegte Zuleitung mit dem Klemmenkasten entfernt zu werden braucht.

Antrieb der Arbeitsmaschinen

Die Kraftübertragung vom Motor auf die Arbeitsmaschine kann entweder durch Riemen oder durch direkte Kupplung evtl. unter Zwischenschaltung eines drehzahlvermindernden Rädervorgeleges erfolgen.

Bei Riemenantrieben ist zu unterscheiden zwischen normalem offenen Riementrieb und Spannrollenantrieb.

Das Übersetzungsverhältnis, d. h. das Verhältnis der größeren zur kleineren Drehzahl, wird bei einem offenen Riementrieb hauptsächlich beeinflußt von dem Achsenabstand, ferner von der Lage des Riementriebes (senkrechter oder waagerechter Trieb) und von der Drehrichtung. Es soll möglichst nicht größer als 1 : 5 gewählt werden. Die Entfernung der beiden Scheiben soll für Riemen unter 100 mm Breite nicht unter 3 m, für breitere Riemen entsprechend mehr betragen.

Der Vorteil der Verwendung von Spannrollen besteht darin, daß die Übersetzungsverhältnisse größer, die Achsenabstände dagegen kleiner gewählt werden können, als vorstehend angegeben. Sie kommen daher in

Anlagen mit beschränkten räumlichen Verhältnissen vorteilhaft zur Anwendung.

Der Durchmesser einer Riemenscheibe wird berechnet nach der Formel:

$$d \times n = d_1 \times n_1, \text{ mithin } d_1 = \frac{d \times n}{n_1}.$$

Hierin bedeutet:

d den Durchmesser der größeren (langsamer laufenden) Scheibe,
n die Drehzahl der größeren (langsamer laufenden) Scheibe,
d_1 den Durchmesser der kleineren (schneller laufenden) Scheibe,
n_1 die Drehzahl der kleineren (schneller laufenden) Scheibe.

Um den Riemenschlupf zu berücksichtigen, ist auf die errechneten Werte ein Zuschlag bzw. Abzug von 1—3 v. H. je nach dem Durchmesser der kleinen Scheibe bei offenen Riemen bzw. von 1 v. H. bei Spannrollenantrieben zu machen, je nachdem es sich um eine treibende Scheibe (Zuschlag) oder getriebene Scheibe (Abzug) handelt.

Drehzahl und Riemenscheibendurchmesser der anzutreibenden Arbeitsmaschine bzw. Transmission liegen in der Regel fest. Ebenso die kleinstzulässigen Riemenscheibendurchmesser der Motoren, die im allgemeinen in den Preislisten der herstellenden Firmen festgelegt sind und tunlichst nicht unterschritten werden sollen.

Ergibt die Berechnung einen unzulässig kleinen Durchmesser der Riemenscheibe für den Motor, so muß entweder ein Motor mit entsprechend geringerer Drehzahl gewählt oder ein Riemenscheibenvorgelege angeordnet werden.

Zur Bestimmung der erforderlichen Riemenbreiten bei offenen Riementrieben diene Tafel 14, für Spannrollentriebe Tafel 15.

Die in diesen Tafeln zusammengestellten Werte gelten bei der Verwendung von Einfachriemen. Doppelriemen übertragen etwa das 1,4- bis 1,7-fache des einfachen Riemens gleicher Breite. Doppelriemen können daher unter Verwendung entsprechender Scheiben schmaler gewählt werden. Außerdem haben sie den Vorteil gleichmäßiger Dicke.

Riemenantriebe, bei denen der Motor über eine Transmission auf mehrere Arbeitsmaschinen arbeitet, bezeichnet man mit Gruppenantrieben. Sie sind in der Regel nur dann mit Vorteil zu verwenden, wenn eine größere Anzahl von Arbeitsmaschinen regelmäßig gleichzeitig in Betrieb sein muß, wie z. B. in der in Bild 62 dargestellten Gerstenreinigungsanlage in einer Malzfabrik. Häufig geht man jedoch bei der Ausbildung der Gruppenantriebe so weit, daß alle Maschinen eines Arbeitsraumes von einem gemeinsamen Motor aus angetrieben werden. Bild 63 zeigt den Maschinensaal einer Schokoladefabrik mit den Melangeuren und Walzen, bei dem diese Lösung der Antriebsfrage gewählt wurde. Sie ist ohne Zweifel nicht zweckmäßig.

Denn abgesehen von der Gefährdung des Bedienungspersonals durch die Riemen, die trotz der Anordnung von Schutzgittern immer besteht, verursachen derartig lange Transmissionen große Verluste, die häufig den Kraftbedarf der angetriebenen Maschinen übersteigen können, und geben zu Ver-

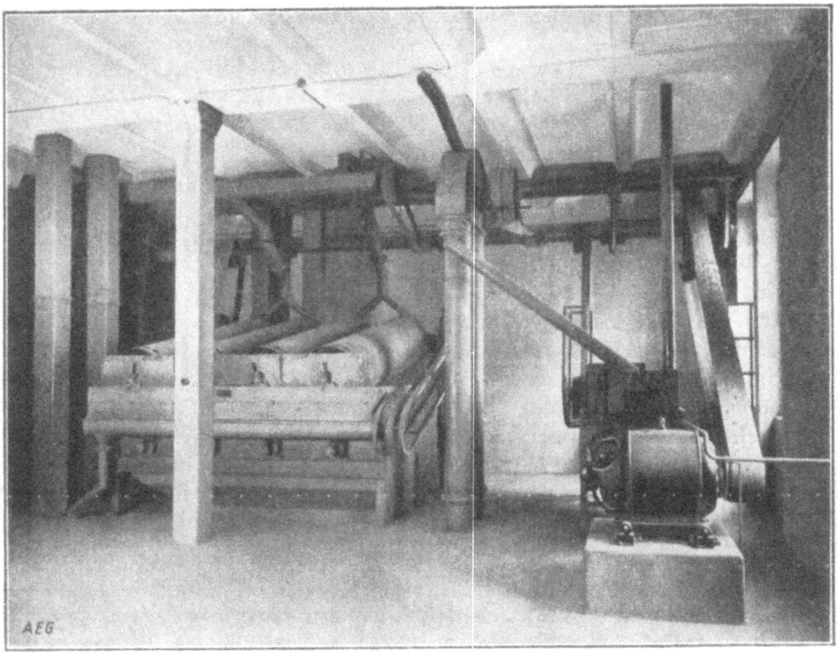

Bild 62. Gruppenantrieb der Trieure in der Malzfabrik Schöneberg der Schultheiß-Patzenhofer AG., Berlin

Bild 63. Transmissionsantrieb der Melangeure und Walzen in der Schokoladenfabrik Burk & Braun, Cottbus

Anzahl der von je 1 cm Riemenbreite zu übertragenden PS bei offenen Riementrieben

Durchm. der kleinen Riemenscheibe in mm	Drehzahl in einer Minute																		
	200	300	400	500	600	700	800	900	1000	1100	1200	1300	1400	1500	1600	1700	1800	1900	2000
50	*	*	*	*	*	*	*	0,07	0,07	0,08	0,08	0,09	0,09	0,10	0,11	0,12	0,13	0,14	0,16
75	*	*	*	*	0,09	0,10	0,11	0,12	0,13	0,14	0,15	0,16	0,17	0,18	0,19	0,20	0,22	0,24	0,26
100	*	*	*	0,08	0,11	0,13	0,15	0,17	0,19	0,20	0,22	0,24	0,26	0,28	0,30	0,32	0,34	0,37	0,40
125	*	*	0,09	0,12	0,16	0,19	0,21	0,23	0,26	0,29	0,32	0,35	0,38	0,41	0,45	0,48	0,51	0,54	0,58
150	*	0,09	0,12	0,16	0,20	0,24	0,28	0,33	0,37	0,41	0,45	0,50	0,54	0,60	0,64	0,70	0,74	0,80	0,84
175	0,08	0,12	0,16	0,20	0,26	0,32	0,38	0,44	0,50	0,56	0,62	0,68	0,74	0,81	0,88	0,95	1,03	1,10	1,18
200	0,10	0,15	0,20	0,25	0,33	0,41	0,49	0,58	0,66	0,75	0,83	0,92	1,01	1,10	1,20	1,30	1,40	1,50	1,60
225	0,12	0,18	0,24	0,31	0,40	0,50	0,60	0,70	0,81	0,92	1,03	1,14	1,27	1,40	1,55	1,70	1,85	2,00	**
250	0,14	0,21	0,30	0,38	0,50	0,62	0,75	0,88	1,00	1,13	1,29	1,45	1,62	1,80	1,99	2,20	**	**	**
275	0,16	0,26	0,36	0,46	0,60	0,75	0,92	1,09	1,26	1,44	1,62	1,80	2,00	2,20	2,41	**	**	**	**
300	0,18	0,30	0,42	0,55	0,73	0,92	1,12	1,33	1,54	1,75	1,96	2,18	2,40	2,60	**	**	**	**	**
325	0,21	0,36	0,50	0,65	0,85	1,06	1,28	1,53	1,78	2,03	2,28	2,53	2,78	**	**	**	**	**	**
350	0,24	0,42	0,59	0,76	0,98	1,20	1,47	1,76	2,05	2,35	2,68	3,03	**	**	**	**	**	**	**
375	0,28	0,47	0,67	0,87	1,12	1,37	1,67	2,00	2,32	2,67	3,02	**	**	**	**	**	**	**	**
400	0,33	0,55	0,77	1,00	1,28	1,58	1,88	2,25	2,63	3,00	3,38	**	**	**	**	**	**	**	**
425	0,38	0,61	0,86	1,13	1,40	1,73	2,07	2,48	2,91	3,25	**	**	**	**	**	**	**	**	**
450	0,42	0,68	0,95	1,25	1,55	1,89	2,30	2,73	3,20	3,78	**	**	**	**	**	**	**	**	**
475	0,46	0,75	1,05	1,37	1,70	2,08	2,52	3,00	3,58	**	**	**	**	**	**	**	**	**	**
500	0,50	0,83	1,15	1,50	1,86	2,30	2,75	3,30	3,93	**	**	**	**	**	**	**	**	**	**
525	0,53	0,89	1,24	1,63	2,03	2,50	3,00	3,63	**	**	**	**	**	**	**	**	**	**	**
550	0,56	0,95	1,32	1,73	2,20	2,68	3,25	3,95	**	**	**	**	**	**	**	**	**	**	**
575	0,60	1,00	1,42	1,86	2,35	2,90	3,55	4,25	**	**	**	**	**	**	**	**	**	**	**
600	0,64	1,06	1,51	2,00	2,50	3,13	3,83	4,57	**	**	**	**	**	**	**	**	**	**	**

* Zu kleine Durchmesser. ** Zu hohe Geschwindigkeiten.

Tafel 14: Bemessung der Riemenbreite für Einfachriemen bei offenen Riementrieben.

Anzahl der von je 1 cm Riemenbreite zu übertragenden PS bei Spannrollentrieben

Durchm. der kleinen Riemenscheibe in mm	Drehzahl in einer Minute																		
	200	300	400	500	600	700	800	900	1000	1100	1200	1300	1400	1500	1600	1700	1800	1900	2000
75	*	*	*	*	0,10	0,13	0,15	0,17	0,19	0,21	0,23	0,26	0,28	0,31	0,34	0,37	0,39	0,42	0,45
100	*	*	0,10	0,14	0,17	0,20	0;22	0,24	0,27	0,30	0,33	0,36	0,40	0,43	0,48	0,52	0,57	0,61	0,65
125	*	*	0,16	0,18	0,22	0,26	0,30	0,34	0,38	0,43	0,48	0,53	0,59	0,64	0,70	0,76	0,83	0,9c	0,97
150	*	0,16	0,21	0,25	0,30	0,35	0,40	0,47	0,53	0,60	0,67	0,76	0,84	0,92	1,01	1,11	1,20	1,30	1,40
175	0,15	0,21	0,26	0,32	0,38	0,45	0,53	0,62	0,71	0,80	0,90	1,00	1,12	1,24	1,35	1,47	1,60	1,72	1,85
200	0,20	0,25	0,32	0,40	0,48	0,58	0,68	0,80	0,94	1,06	1,20	1,34	1,48	1,62	1,78	1,93	2,08	2,26	2,42
225	0,22	0,29	0,36	0,46	0,56	0,66	0,81	0,96	1,10	1,26	1,42	1,60	1,78	1,96	2,16	2,36	2,55	2,74	2,95
250	0,26	0,36	0,46	0,58	0,72	0,84	1,02	1,20	1,38	1,56	1,75	1,96	2,17	2,38	2,60	2,83	3,06	3,30	3,52
275	0,28	0,42	0,56	0,72	0,89	1,07	1,26	1,44	1,64	1,90	2,14	2,38	2,60	2,84	3,12	3,35	3,60	3,84	4,08
300	0,35	0,50	0,70	0,90	1,10	1,30	1,55	1,75	2,00	2,30	2,55	2,88	3,15	3,45	3,80	4,10	4,40	**	**
325	0,40	0,56	0,76	0,98	1,20	1,44	1,70	1,97	2,25	2,57	2,87	3,21	3,54	3,82	4,10	4,27	**	**	**
350	0,43	0,61	0,83	1,06	1,32	1,59	1,88	2,21	2,57	2,95	3,23	3,60	3,93	4,25	4,49	**	**	**	**
375	0,46	0,67	0,92	1,17	1,43	1,77	2,12	2,55	3,00	3,31	3,67	4,05	4,43	**	**	**	**	**	**
400	0,50	0,75	1,05	1,30	1,70	2,10	2,50	2,95	3,40	3,90	4,30	4,75	5,20	**	**	**	**	**	**
425	0,60	0,87	1,17	1,52	1,90	2,30	2,75	3,25	3,75	4,22	4,70	5,10	**	**	**	**	**	**	**
450	0,70	0,95	1,30	1,68	2,10	2,55	3,05	3,50	4,00	4,55	5,05	**	**	**	**	**	**	**	**
475	0,80	1,05	1,42	1,85	2,30	2,85	3,35	3,87	4,40	4,95	**	**	**	**	**	**	**	**	**
500	0,90	1,20	1,55	2,00	2,55	3,15	3,70	4,25	4,85	5,40	**	**	**	**	**	**	**	**	**
525	0,92	1,28	1,68	2.12	2,70	3,35	3,90	4,50	5,12	**	**	**	**	**	**	**	**	**	**
550	0,95	1,35	1,75	2,30	2,90	3,60	4,25	4,85	5,40	**	**	**	**	**	**	**	**	**	**
575	0,97	1,42	1,85	2,42	3,15	3,80	4,50	5,15	**	**	**	**	**	**	**	**	**	**	**
600	1,00	1,50	2,00	2,60	3,30	4,10	4,80	5,40	**	**	**	**	**	**	**	**	**	**	**

* Zu kleine Durchmesser. ** Zu hohe Geschwindigkeiten.

Tafel 15: Bemessung der Riemenbreite für Einfachriemen bei Spannrollentrieben.

unreinigungen durch das aus den Lagerstellen herabtropfende Öl Veranlassung. Man sollte auch nicht verkennen, daß eine derartige Anlage sehr wenig anpassungsfähig ist und in Zeiten geringeren Bedarfes an Fertigerzeugnissen infolge der leer mitzuschleppenden Riemenscheiben und Transmissionen erhöhte Verluste zur Folge hat.

Zur Vermeidung unnötig hoher Übertragungsverluste ist zum mindesten eine gewisse Unterteilung der Gruppen unbedingt zu empfehlen, wobei auf den Herstellungsgang Rücksicht genommen werden muß. Es wäre natürlich vollkommen verfehlt, Maschinen von einer gemeinsamen Transmission aus zu betreiben, die regelmäßig zeitlich nacheinander und niemals gleichzeitig benutzt werden.

Bild 64. Würzepumpe mit direkt gekuppeltem Antriebsmotor im Sudhaus der Schultheiß-Patzenhofer AG., Abt. IV, Berlin

Die Vorteile der verlustlosen Energieübertragung der Elektrizität werden allerdings am besten ausgenutzt, wenn jede einzelne Arbeitsmaschine ihren eigenen Antriebsmotor erhält. Die Elektroindustrie hat daher für alle nur vorkommenden Betriebsbedingungen Ausführungsarten und Bauformen der Motoren geschaffen, die ein wirtschaftliches Arbeiten gewährleisten.

Schnellaufende Arbeitsmaschinen werden mit Motoren entsprechender Drehzahl direkt gekuppelt (Bild 64). Man kann hierin noch weitergehen und den entsprechend ausgebildeten Motor mit der Arbeitsmaschine zu einem einheitlichen Ganzen vereinigen. Hierzu dienen Anbaumotoren, die je nach dem Verwendungszweck und der Ausführungsart der anzutreibenden Arbeitsmaschine mit einem entsprechenden Zwischenflansch, bei kleineren Leistungen auch mit an-

Bild 65. Motor mit Zwischenflansch und angebautem Drehschalter

Bild. 66. Motor mit einem Flanschlagerschild

gebautem Drehschalter (Bild 65) oder mit einem Flanschlagerschild (Bild 66) für waagerechten oder senkrechten Anbau ausgeführt werden.

Die direkte Kupplung setzt gleiche Umdrehungszahlen von Arbeitsmaschine und Motor voraus. In Drehstromanlagen ist die Drehzahl der Motoren von der Frequenz des Netzes abhängig. Bei der in Deutschland üblichen Frequenz von 50 Hertz sind die Drehzahlen der

Bild 67. Einzelantrieb einer Kakaobohnen-Brech- und Reinigungsmaschine in der Schokoladenfabrik Gebr. Stollwerck AG., Berlin

Synchronmotoren 3000, 1500, 1000, 750, 600, 500 U min usw. (siehe Tafel 4) bzw. der Asynchronmotoren unter Berücksichtigung des Schupfes etwa 2900, 1420, 960, 720, 570, 480 U/min usw.

Bild 68. Motor mit angebauter federnder Spannrolle

Diese Drehzahlen können jedoch beim Bau der Arbeitsmaschinen nicht immer eingehalten werden, besonders da der Maschinenbau aus bestimmten Gründen von den bisher üblichen kleinen Drehzahlen, die vielfach weit unter 500 U/min liegen, nicht abzugehen geneigt ist. Motoren kleinerer Leistung, wie sie zum Einzelantrieb kleinerer Arbeitsmaschinen benötigt werden, baut man jedoch in der Regel nicht unter 750 U/min., da sonst der Wirkungsgrad und die sonstigen elektrischen Eigenschaften zu ungünstig werden.

In diesen Fällen ist zur Überbrückung des Unterschiedes der Drehzahlen auch bei Einzelantrieb die Zwischenschaltung eines Riemens als Übertragungsglied notwendig. Der Motor wird dann entweder neben der Arbeitsmaschine aufgestellt (Bild 67) oder auf der Arbeitsmaschine angeordnet (Bild 52). Da die Achsenabstände vielfach sehr klein sind, werden die Motoren auch mit angebauter federnder Spannrolle (Bild 68) geliefert, so daß auch in diesem Falle ein genügend großer Umschlingungswinkel des Riemens gewährleistet ist.

Eine weitere Möglichkeit des Antriebes langsam laufender Arbeitsmaschinen und Transmissionen durch schnellaufende Motoren besteht in der Zwischenschaltung von Getrieben. Da diese Getriebe für beliebige Untersetzungsverhältnisse ausgeführt werden, können für die Motoren die in bezug auf Wirkungsgrad und Leistungsfaktor günstigsten Drehzahlen ohne Rücksicht auf die Drehzahl der anzutreibenden Maschine gewählt werden, wobei man in der Regel mit der Motordrehzahl nicht über 1500 U/min. geht. Der Motor wird dann mit dem Getriebe direkt gekuppelt und kann mit diesem auf einer gemeinsamen Grundplatte angeordnet werden. Unbedingt notwendig ist diese Grundplatte jedoch nicht, da es bei Verwendung einer elastischen Kupplung möglich ist, Motor und Getriebe auf einem gemeinsamen Betonfundament unterzubringen. Die austreibende Welle des Getriebes kann wiederum mit der Arbeitsmaschine direkt gekuppelt werden.

Den Antrieb eines Rührwerkes mit Schneckengetriebe und direkt gekuppeltem Motor zeigt Bild 69. Je nach den örtlichen Verhältnissen kann aber auch auf der Sekundärseite des Getriebes ein Riemen- oder Zahnkettentrieb (Bild 70) vorgesehen werden. Nach Möglichkeit sollte man jedoch eine direkte Kupplung des Getriebes mit der Arbeitsmaschine an-

Bild 69. Elektrischer **Einzelantrieb eines Läuterbottich-Rührwerkes** in der Spatenbrauerei München

Bild 70. Drehstrom-Motor mit Zahnradvorgelege zum Antrieb einer Treberschnecke. Schultheiß-Patzenhofer AG., Abt. IV, Berlin

Bild 71. Rotations-Conche mit Einzelantrieb über ein Dreigang-Schaltgetriebe in der Schokoladenfabrik Gebr. Stollwerck AG., Berlin

streben, was bei entsprechender Wahl des Untersetzungsverhältnisses und Anordnung des Antriebes fast in allen Fällen zu erreichen sein wird. Bei einigen Arbeitsmaschinen, wie z. B. den Rotations-Conchen in den Schokoladenfabriken (Bild 71), ist es notwendig, mehrere Antriebsdrehzahlen zur Verfügung zu haben. Unter Beibehaltung eines Motors mit gleichbleibender Drehzahl ist es hier durch Wahl eines Schaltgetriebes möglich, die erforderlichen Antriebsdrehzahlen zu erzielen.

Die Unterbringung eines derartigen Aggregates, bestehend aus Motor, Kupplung und Getriebe, scheitert jedoch besonders in älteren Anlagen mit beschränkten Raumverhältnissen an dem großen Platzbedarf. Man ist daher dazu übergegangen, den Motor unter Fortfall des antriebseitigen Lagerschildes unmittelbar an das Gehäuse des Getriebes anzuflanschen, und es entstanden die sogenannten Flanschmotorgetriebe, die ebenfalls bis zu den größten hier vorkommenden Leistungen und für beliebige Untersetzungsverhältnisse hergestellt werden. Das Ritzel des Getriebes sitzt unmittelbar auf dem Motorwellenstumpf, so daß die Kupplung zwischen Motor und Getriebe entfällt. Die Kraftübertragung auf den austreibenden Wellenstumpf erfolgt hier, wie sonst bei Getrieben auch üblich, je nach dem Untersetzungsverhältnis ein- oder zweistufig durch Zahnräder mit Evolventenverzahnung mit schrägen Zähnen oder solchen in Pfeilform.

Der Raumbedarf der Flanschmotorgetriebe ist daher im Vergleich zu den normalen Getrieben mit direkt gekuppeltem Motor sehr gering.

Bild 72. Flanschmotorgetriebe verschiedener Bauformen

In Bild 72 ist eine Reihe von Flanschmotorgetrieben verschiedener Bauformen dargestellt. Man ersieht daraus, daß der Motor entweder freifliegend oben am Getriebe angeordnet ist und dann keine Füße hat, oder aber mit Füßen versehen unten an das Getriebe angeflanscht und mit diesem auf einer gemeinsamen Grundplatte untergebracht werden kann.

Bei der Aufstellung und Auswahl der Motoren ist aber nicht nur die Drehzahl der anzutreibenden Arbeitsmaschinen zu berücksichtigen.

Bild 73. Erhöhte Aufstellung des Antriebsmotors für zwei Faßwaschmaschinen in der Spatenbrauerei München

In dem vorhergehenden Abschnitt wurde bereits darauf hingewiesen, daß die Motorbauart entsprechend den besonderen Betriebsbedingungen am Aufstellungsorte gewählt werden muß. Mit Spritz- und Schwallwasser ist z. B. in zahlreichen Betriebsräumen der Schlachthöfe, Brauereien, Weinkellereien, Molkereien, Zucker, Margarine-, Marmeladenfabriken usw. zu rechnen. Die Wahl der geschützten bzw. geschlossenen, außenbelüfteten Motoren, die auch einen ausreichenden Schutz gegen Spritz- und Schwallwasser gewähren, läßt sich hier vielfach durch geeignete erhöhte Aufstellung vermeiden.

Bild 74. Faß-Entspundungsmaschine mit elektrischem Einzelantrieb in der Schultheiß-Patzenhofer AG., Abt. I, Berlin

Bild 73 zeigt den Gruppenantrieb zweier Faßwaschmaschinen einer Brauerei durch einen auf einem Konsol untergebrachten offenen Motor, Bild 74 einen in derselben Art angeordneten Einzelantrieb mit Riemenübertragung für eine Faß-Entspundungsmaschine. Infolge der erhöhten Aufstellung des Motors für den Antrieb einer Faßwaschmaschine (Bild 75) war es möglich, ihn dem hier in starkem Maße auftretenden Schwallwasser zu entziehen, so daß ein tropfwassergeschützter Motor genügte.

Eine derartige erhöhte Aufstellung der Motoren bzw. ihre Unterbringung an der Decke des Betriebsraumes wird außerdem vielfach aus Gründen der Raumersparnis gewählt. Bei der in Bild 76 dargestellten Zuckermühle einer Schokoladenfabrik ist gegen die Anordnung des Motors an der Decke nichts einzuwenden, da in diesem Raum, der gleichzeitig als Verpackungsraum für das Kakaopulver dient, keine besonders hohe Temperatur herrscht. Andernfalls ist jedoch auf die erhöhten Raumtemperaturen Rücksicht zu nehmen, die in Backstuben, Röstereien, Maschinensälen der Schokoladenfabriken, durch Kochkessel beheizten Räumen der Bonbon-, Zucker-, Marmeladefabriken usw. in den Sommermonaten häufig auf 40 bis 50° C steigen. Man muß daher bei der Auslegung der Motoren auf diese hohen Temperaturen an sich schon Rücksicht nehmen, ist doch bei Arbeiten der Motoren in Räumen mit einer Temperatur von 40° C schon mit einer Leistungsverminderung von etwa 10 bis 15 v.H. zu rechnen. Durch Wahl einer geeigneten, hohe Temperaturen zulassenden Isolation ist es ohne weiteres möglich, derartige Verhältnisse zu berücksichtigen. Trotzdem wird man bei Vorhandensein dieser hohen Temperaturen die Motoren nach Möglichkeit auf dem Fußboden der Betriebsräume zur Aufstellung bringen und auf die Unterbringung an der Decke bzw. auf einem Wandkonsol trotz der hierdurch erzielbaren Raumersparnis wegen der Temperatursteigerung in den oberen Luftschichten möglichst verzichten. Auf jeden Fall ist es zweckmäßig, auch in diesen Räumen für eine gute Entlüftung zu sorgen.

Bild 75. Faßwaschmaschine mit direkt gekuppeltem, erhöht aufgestelltem Antriebsmotor in der Spatenbrauerei München.

Bild 76. Zuckermühle mit einem an der Decke befindlichen Antriebsmotor in der Schokoladenfabrik Paul Wesenberg Sohn, Berlin

Sonderantriebe

Bei der Ausbildung der in jedem Zweig der Nahrungsmittelindustrie vorkommenden Sonderantriebe wird in jedem Sonderfalle die Zuziehung eines Fachmannes der Elektroindustrie unvermeidlich sein. Um jedoch zu zeigen, daß die Elektroindustrie in der Lage ist, selbst für die schwierigsten Arbeitsbedingungen einen wirtschaftlich arbeitenden und alle Erfordernisse berücksichtigenden Antrieb zu schaffen, seien nachstehend einige besonders wichtige Arbeitsmaschinen bezüglich ihrer elektrischen Antriebe näher erläutert.

In vielen Zweigen der Nahrungsmittelindustrie wird die Schleuderkraft der Zentrifugen für die verschiedensten Arbeitsvorgänge benutzt. Die Art des Zusammenbaues des Antriebsmotors mit der Zentrifuge richtet sich nach deren Bauart. Je nach dem Verwendungszweck werden die Zentrifugen in stehender oder hängender Ausführung gebaut.

Die stehenden Zentrifugen werden gewählt, wenn der Raum über der Schleudertrommel freigehalten werden muß. Derartige Antriebe werden dann häufig so ausgebildet, daß der Motor ohne Welle und ohne Lager ausgeführt wird. Der Läufer sitzt dann unmittelbar auf der nach unten verlängerten Zentrifugenwelle. Bei kleineren Leistungen, wie z. B. bei Wäschezentrifugen, Milchzentrifugen usw. wird der Motor häufig seitlich an das Gehäuse der Zentrifuge angebaut, und arbeitet durch geeignete Übertragungsmittel auf die Zentrifugenwelle.

Bei den besonders in der Zuckerindustrie weit verbreiteten neuzeitlichen Hängezentrifugen wird der Motor oberhalb der Schleudertrommel angeordnet und in tropfwassersicherer Bauart ausgeführt (Bild 77). Es gibt jedoch auch hier Zentrifugenbauarten, bei denen der Motor unten in die Zentrifuge eingebaut wird. Bei der in Bild 77 dargestellten Art des Antriebes muß die schwingende Bewegung der Zentrifuge gegen die feststehende Motorwelle ausgeglichen werden. Diese Bedingung erfüllen die Reibungskupplungen, die als Band- oder Klotzkupplungen ausgeführt werden.

Bei den Bandkupplungen wird die Zentrifugentrommel erst mitgenommen, wenn der Motor seine volle Drehzahl fast erreicht hat. Die Klotzkupplungen

Bild 77. Hängezentrifugen mit direkt gekuppelten Drehstrom-Motoren

dagegen greifen schon bei etwa 40 bis 50 v. H. der Nenndrehzahl des Motors ein. In beiden Fällen wird also erreicht, daß der Motor in gewissen Grenzen unbelastet hochlaufen kann. Er fällt daher wesentlich kleiner aus als bei Verwendung direkt wirkender Kupplungen. Trotzdem wird die letztgenannte Kupplungsart, bei der die Kupplung natürlich elastisch ausgeführt sein muß, vielfach gewählt. Sie hat gegenüber den Rutschkupplungen den Vorteil des ruhigeren und betriebsicheren Arbeitens. Jedenfalls spielt die Art der vorgesehenen Kupplung bei der Bemessung des Antriebsmotors eine ausschlaggebende Rolle.

Die Zentrifugenmotoren werden in Drehstromanlagen, um die es sich in der Mehrzahl der Fälle handelt, als normale Kurzschlußläufermotoren, Kurzschlußläufermotoren mit Stromverdrängung im Läufer, Motoren mit gewickeltem Anker und getrennt angeordneten Widerständen und endlich als Schleifringläufermotoren mit getrennt aufzustellenden Widerständen gebaut. Die Auswahl des zweckmäßigsten Typs muß in jedem Sonderfalle je nach den Betriebsbedingungen (Chargenzahl, Art der Kupplung, Forderung der Drehzahlabstufung während des Füllens, Höhe des zulässigen Einschaltstromes usw.) getroffen werden.

Allgemein läßt sich bezüglich der Auslegung der Antriebsmotoren für Zentrifugen sagen, daß beim Anlauf eine hohe Leistung benötigt wird, um die großen Schwungmassen in möglichst kurzer Zeit auf die gewünschte Geschwindigkeit zu bringen. Hat dann der Motor seine volle Drehzahl erreicht, so ist während des eigentlichen Schleudervorganges nur die Luft- und Lagerreibung zu überwinden, und es genügt eine verhältnismäßig geringe Leistung, um die Massen in Bewegung zu halten. Für die Auslegung eines Zentrifugenmotors sind daher ganz andere Gesichtspunkte maßgebend als bei den sonst üblichen Arbeitsmaschinen, bei denen die erforderliche Antriebsleistung durch Messung ermittelt oder von den Maschinenfabriken unmittelbar angegeben werden kann.

Die Beschleunigungsarbeit während des Anlaufvorganges hängt von dem Schwungmoment der gefüllten Zentrifuge und der Anlaufzeit ab. Zur Bewältigung dieser Anlaufarbeit entnimmt der Motor dem Netz einen bestimmten Strom. Die Häufigkeit der Anlaufstromentnahme bestimmt die Erwärmung des Motors. Dieser muß also in der Lage sein, die beim Anlaufvorgang entstehende Wärme einwandfrei abzuführen. Erschwerend kommt noch hinzu, daß die große Anlaufstromentnahme zu einem Zeitpunkt auftritt, in dem die Ventilation des Motors noch nicht zur vollen Wirkung gelangt ist. Die Motorleistung wird daher weiterhin durch die Schleuderzahl je Stunde (Chargenzahl) wesentlich beeinflußt.

Für eine einwandfreie Berechnung des Zentrifugenmotors sind demnach möglichst folgende Angaben zu machen: Schwungmoment, Gewicht- und Schwerpunktsdurchmesser der gefüllten Trommel, Schleuderzahl je Stunde, Anlaufzeit, Betriebszeit mit voller Drehzahl, Drehzahl und Reibungsarbeit (Luft- und Lagerreibung) der Zentrifuge und endlich Art der Kupplung.

Bei der Kenntnis dieser Daten ist es möglich, die mittlere quadratische Leistung zu errechnen, die allein für die Bemessung des Motors ausschlaggebend ist. Für die in Zuckerfabriken üblichen hängenden Zentrifugen mit einem Schwungmoment von etwa 1000 kgm² und einer Drehzahl von 960 U/min. wurde in Tafel 16 die bei verschiedenen Chargenzahlen erforderliche mittlere quadratische Leistung zusammengestellt. Aus den angegebenen Gewichten für die in Frage kommenden Motoren ist zu ersehen, einen wie großen Einfluß die Chargenzahl bei sonst gleichen Daten der Zentrifuge auf die Wahl der Motorgröße ausübt.

Chargenzahl	Mittlere quadratische Leistung i. PS	Anlaufzeit sek	Anlaufstrom bei 380 V A	Gewicht des Motors kg
7	16	120	110	255
10	20	110	125	325
20	26	100	140	470
30	37	80	175	625

Tafel 16: Mittlere quadratische Leistung bei verschiedenen Chargenzahlen für eine Zuckerzentrifuge von 1000 kgm² bei 960 U/min.

Eine Arbeitsmaschine, die in der Schokoladenindustrie eine wichtige Rolle spielt, ist die Längsreibemaschine. Bei Ausführung als Rotationsconche wurde ihr Antrieb bereits bei der Besprechung der Getriebe gezeigt (Bild 71). Diese Längsreibemaschinen werden jedoch auch in rechteckiger Bauart mit muschelförmigem Boden ausgeführt. Diese haben einen etwas schwankenden Kraftbedarf insofern, als er in den ersten Stunden der Verarbeitung, so lange die Masse noch nicht die genügende Temperatur erreicht hat und dementsprechend eine gewisse Zähigkeit besitzt, sehr groß ist. Nach einigen Stunden hat die Masse den nötigen Flüssigkeitsgrad erreicht, der Kraftbedarf nimmt stark ab und bleibt dann bis zur Beendigung des Arbeitsvorganges gleichmäßig.

Es ist unwirtschaftlich, solche Schwankungen durch einen Gruppenantrieb ausgleichen zu wollen, da man dadurch keine Ersparnisse an Strom erzielen kann, sondern im Gegenteil die zusätzlichen Verluste der Transmission als feste von der geleisteten Arbeit unabhängige Betriebskosten tragen muß. Diese Belastungsverhältnisse bei den Längsreibemaschinen sind im übrigen wesentlich einfacher als z. B. bei den vorstehend beschriebenen Zuckerzentrifugen, und dennoch gibt es wohl keine neuzeitlich eingerichtete Zuk-

Bild 78. Längsreibemaschinen in der Schokoladenfabrik Gebrüder Stollwerk, Berlin

kerfabrik mehr, die ohne den elektrischen Einzelantrieb der Zentrifugen auskommt.

Es ist heutzutage ohne weiteres möglich, auch für Längsreibemaschinen einen wirtschaftlich arbeitenden Einzelantrieb zu schaffen. Man kuppelt hier zweckmäßig die Welle, die in Bild 78 die Antriebsriemenscheibe trägt, mit einem Flanschmotorgetriebe entsprechender Drehzahl direkt und wählt den Antriebsmotor für Sterndreieckschaltung. Zu Anfang der Bearbeitungszeit mit dem hohen Kraftbedarf arbeitet der Motor in Dreieckschaltung und später bei verringertem Leistungsbedarf in Sternschaltung mit elektrisch günstigen Werten. Bei der Umschaltung von Dreieck auf Stern kann man sich von der Aufmerksamkeit des Bedienungspersonals unabhängig machen, wenn man die Schaltung unter Verwendung von Stromwächtern und Schützen vollkommen automatisch einrichtet, wobei der Zeitpunkt der Umschaltung in Abhängigkeit von der Höhe des Betriebstromes gebracht wird. Bei dieser Gelegenheit sei noch darauf hingewiesen, daß es zweckmäßig ist, eine automatische Ausschaltvorrichtung für die Antriebsmotoren der Conchen vorzusehen für den Fall, daß die in der Conche verarbeitete Masse eine bestimmte Höchsttemperatur erreicht hat.

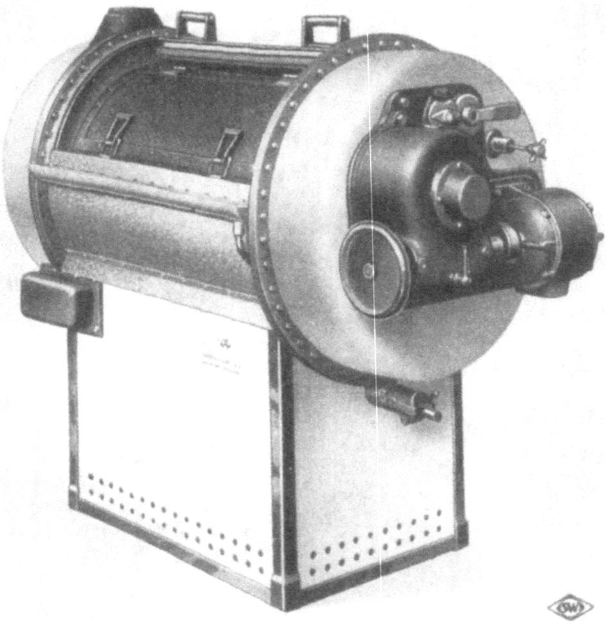

Bild 79. Trommel-Waschmaschine mit gekapseltem Antriebsmotor in Sonderbauart für Weichumschaltung und elektrischer Umsteuerung

Bei den Trommel-Waschmaschinen, die zum Auswaschen der Filtertücher in der Brau- und Schokoladenindustrie benötigt werden, muß die Drehrichtung in kurzen Zeitabständen geändert werden. Dieser Wechsel der Drehrichtung wurde bisher fast ausschließlich durch Verwendung eines offenen und verschränkten Riemens mit mechanischer Umsteuerung erzielt, wobei mehrere Waschmaschinen über eine Transmission von einem gemeinsamen Motor angetrieben wurden. Neuerdings werden hierfür jedoch auch Einzelantriebe geliefert. Zunächst ging man unter Beibehaltung des Riemenantriebes mit mechanischer Umsteuerung dazu über, für jede Waschmaschine einen besonderen Motor aufzustellen. Bei anderen Ausführungsformen der riemengetriebenen Waschmaschinen wird für die Verschiebung des Riemens von der Festscheibe über eine Leerscheibe auf eine zweite, entgegengesetzt treibende Festscheibe eine angebaute Spannrolle verwendet, so daß für den in einer Drehrichtung laufenden Motor nur ein Riemen erforderlich ist.

Das Bestreben ging jedoch dahin, den Riemen ganz auszuschalten und den Motor selbst umzusteuern. Infolge des wechselnden Kraftbedarfes und der häufigen Umschaltung sind Motoren normaler Bauart hierfür nicht geeignet. Es wurden daher Motoren mit Käfigläufer in Sonderbauart (Bild 79) mit entsprechend durchgebildeten Umschalteinrichtungen entwickelt, die sich den hier herrschenden Betriebsbedingungen bestens anpassen. Die Umsteuerung erfolgt wie beim Riemenantrieb, weich bei nur geringen Stromstößen. Infolgedessen ist auch größtmögliche Schonung der Übertragungsorgane gewährleistet und die geringste Wartung erforderlich.

Anforderungen an die Schaltgeräte

Die Schalter haben die Aufgabe, die Stromleitungen an geeigneten Stellen zu unterbrechen. Im allgemeinen erfolgt die Betätigung der Schalter von Hand. Wenn jedoch ein bestimmter Höchstwert der Stromstärke überschritten wird, muß der in der Leitung fließende Strom selbsttätig unterbrochen werden. Hierfür müssen neben den Schaltern noch Sicherungen vorgesehen werden.

Diese Sicherungen bestehen im wesentlichen aus kurzen Drähten von geringem Querschnitt. Man unterscheidet Streifensicherungen, bei denen die Schmelzdrähte offen in Luft zwischen zwei Kontaktböcken liegen und die eventuell durch einen Schutzkasten unbeabsichtigter Berührung entzogen sind, und geschlossene Sicherungen in Form von Schmelzpatronen. Hier sind die Schmelzdrähte von einem Porzellankörper umgeben, welcher vollkommen geschlossen ist und ein Füllmaterial enthält, das beim Abschmelzen die Unterbrechung des Stromlaufes unterstützt.

Offene Sicherungen werden für die in Tafel 17 zusammengestellten Nennstromstärken hergestellt, Sicherungspatronen als Stöpselsicherungen je nach dem Gewindedurchmesser, und zwar Gewinde E 2 bis 25 A, Gewinde E 3 bis 60 A, Gewinde E 4 bis 100 A und Gewinde E 5 bis 200 A oder als abschaltbare Sicherungen mit Porzellanrohren für 60, 100, 200, 350 und 600 A

	Nennstrom des Sicherungskörpers und der Sicherungsbrücke A					
	60	100	200	350	600	1000
Nennstrom des Schmelzeinsatzes	6	60	100	200	350	600
	10	80	125	225	430	700
	15	100	160	260	500	850
	20	—	200	300	600	1000
	25	—	—	350	—	—
	35	—	—	—	—	—
	60	—	—	—	—	—

Tafel 17: Nennstromstärken für Schmelzeinsätze nach den Errichtungsvorschriften des VDE.

Nennstrom mit den in Tafel 17 angegebenen Zwischenstufen für die Schmelzeinsätze.

Die dünnen Sicherungsdrähte werden so bemessen, daß sie sich bei Steigerung der Stromstärke über das zulässige Maß hinaus schnell erwärmen und abschmelzen, so daß der Strom unterbrochen wird. Besonders im Falle eines Kurzschlusses, wenn also zwei Leitungen verschiedener Polarität in Berührung kommen, kann die Stromstärke außerordentlich hohe Werte annehmen, da an dieser Stelle der Widerstand sehr gering wird. Die schädlichen Folgen dieser hohen Stromstärken, wie unzulässige Erwärmung und Zerstörung der Leitungen, Schalter usw. müssen dadurch verhindert werden, daß die Schmelzsicherungen den Stromlauf sofort unterbrechen.

Diese Stromunterbrechung ist natürlich nur bei richtiger Bemessung der Schmelzeinsätze, die den in den Prüfvorschriften des VDE ausführlich festgelegten Bestimmungen genügen müssen, gewährleistet. Es muß daher dringend davor gewarnt werden, derartige Sicherungen mit selbst hergestellten Schmelzeinsätzen zu versehen bzw. die Kontakte anderweitig zu überbrücken.

Bei der Verwendung von Sicherungen zum Schutze von Motoren tritt jedoch hinsichtlich ihrer Bemessung eine gewisse Schwierigkeit auf. Die Schmelzeinsätze der Sicherungen können nur für das Ansprechen bei einer bestimmten Stromstärke ausgelegt werden. Um es daher zu verhindern, daß die Stromzuführung des Motors bei geringen kurzzeitigen Stromstößen unterbrochen wird, die den Motor nicht gefährden, muß der Motor übersichert werden. Die Schmelzeinsätze sind also für eine höhere Stromstärke zu wählen, als sie der Betriebstromstärke entspricht.

Diese Verhältnisse liegen auch bei der direkten Einschaltung von schleifringlosen Drehstrommotoren vor. Hier ist, wie schon gezeigt wurde, bei dem normalen Kurzschlußläufermotor mit dem 6- bis 7fachen und bei den verbesserten Bauarten mit dem 3- bis 5fachen Strom zu rechnen. Die Sicherungen sind daher so auszulegen, daß die beim Anlassen auftretenden Stromspitzen überbrückt werden. Hierdurch kann man zwar das unerwünschte häufige Ansprechen der Sicherungen und die damit verbundenen Betriebsunterbrechungen vermeiden. Der Motor ist jedoch bei dieser Art der Sicherung nicht geschützt, wenn er längere Zeit derart überlastet ist, daß der zulässige Dauerbetriebstrom überschritten, die für das Abschmelzen der Sicherung notwendige Stromstärke jedoch noch nicht erreicht ist. Außerdem spricht die Sicherung nicht an, wenn in einem Dreileitersystem eine Zuleitung durch irgendwelche Umstände stromlos wird, der Motor also als Zweiphasenmotor weiterläuft. In beiden Fällen können die Wicklungen des Motors zerstört sein, bevor die Sicherung abschmilzt. Hinzu kommt, daß die Querschnitte der Verteilungsleitungen entsprechend der überdimensionierten Sicherung, und nicht nach dem Nennstrom des Motors bemessen werden müssen. Abgesehen von der Verteuerung der Anlagekosten für das Verteilungsmaterial hat eine derartige reichliche Bemessung der Leitungen nachteilige Folgen auf die Kurzschlußsicherheit der Anlage, auf die später noch zurückzukommen sein wird.

An die Stelle der Hebelschalter mit normalen Sicherungen ist in neuzeitlichen Anlagen der Selbstschalter getreten. Die Anforderungen, die man an diese Schaltgeräte stellen muß, sind zunächst die gleichen wie sie eingangs besprochen wurden. Darüber hinaus sind jedoch beim Einbau der Selbstschalter ganz neue Gesichtspunkte zu berücksichtigen, deren Kenntnis und sorgfältige Beachtung schon bei der Planung für ein einwandfreies und betriebsicheres Arbeiten der Anlage von außerordentlicher Bedeutung ist. Die Selbstschalter müssen dem Motor einen in jeder Beziehung ausreichenden Schutz gewähren, außerdem aber auch bei Kurzschlüssen eine genügende Abschaltleistung aufweisen.

Diese Abschaltung im Kurzschlußfalle wird von den Sicherungen infolge des Ansteigens des Stromes einwandfrei vorgenommen. Von dem Selbstschalter muß nun diese Funktion der Sicherung übernommen werden.

Hierbei ist zu berücksichtigen, daß im Kurzschlußfalle die Energie aller Stromerzeuger, gleichgültig ob es sich um Anschluß an ein Elektrizitätswerk oder um eine Eigenzentrale handelt, auf den Punkt des Kurzschlusses arbeitet. Es sind demnach von dem Schalter hohe Ströme abzuschalten, die ein Vielfaches der Nennstromstärke betragen können, für die er gebaut ist. Wenn er diese Ströme nicht abschalten kann, so ist unbedingt mit einer Zerstörung des Schalters zu rechnen. Die zu bewältigenden Abschaltströme liegen um so höher, je kleiner die Betriebspannung ist. In Neuanlagen sollte man daher bei der Wahl der Betriebspannung auf die Erhöhung der zu bewältigenden Kurzschlußströme durch niedrige Spannungen Rücksicht nehmen. Auf jeden Fall ist zu bedenken, daß jeder einzelne Schalter der Anlage selbst im entferntesten Abzweig für die volle, an dieser Stelle auftretende Kurzschlußleistung ausgelegt sein muß, wenn diese nicht durch geeignete Maßnahmen verringert oder in anderer Weise von dem Schalter ferngehalten wird.

Die Abschaltleistung der Selbstschalter ist in den Vorschriften des VDE festgelegt; die Schalter müssen also von den herstellenden Firmen für die Bewältigung der für die betreffende Gruppe vorgeschriebenen Kurzschlußströme gebaut werden. In Tafel 18 wurden die Abschaltleistungen verschiedener Schalterarten einer Elektrizitätsgroßfirma zusammengestellt.

Bevor man daher einen Selbstschalter einbaut, muß man sich über die im Kurzschlußfalle auftretende Kurzschluß-Stromstärke an dieser Stelle klar sein, um die Schaltleistungsgruppe feststellen zu können, der der Schalter angehören muß. Um nun jedoch nicht für jeden kleinen Motor, für den ein Selbstschalter geringer Betriebstromstärke genügen würde, mit Rücksicht auf die an der Einbaustelle auftretende Kurzschluß-Stromstärke einen entsprechend größeren Typ wählen zu müssen, verlegt man den Kurzschlußschutz in diesem Falle in vorgeschaltete Sicherungen.

Gegenstand	Nennstrom A	Zulässiger Abschaltstrom in A 220 V offen	220 V gekapselt	380 V offen	380 V gek.	500 V offen	500 V gek.	550 V offen	550 V gek.
Kleinautomat	5, 10, 15	500	500	500	500	500	500	—	—
	20	500	500	—	—	—	—	—	—
Motorschutzschalter mit thermischer Überstrom- u. magnetischer Kurzschlussauslösung	bis 10	500	500	500	500	500	500	—	—
	„ 25	1 500	1 500	1 500	1 500	1 500	1 500	—	—
	„ 60	7 500	7 500	7 500	7 500	6 000	6 000	6 000	6 000
	„ 100	7 500	7 500	7 500	7 500	6 000	6 000	6 000	6 000
	„ 200	7 500	7 500	7 500	7 500	6 000	6 000	6 000	6 000
Überstrom-Ausschalter 100 A Typ	„ 6	1 100	1 100	1 000	1 000	900	900	700	700
	„ 10	1 900	1 900	1 600	1 600	1 500	1 500	1 200	1 200
	„ 20	4 000	4 000	3 500	3 500	3 200	3 200	2 600	2 600
	„ 35	5 700	5 700	5 100	5 100	4 600	4 600	3 700	3 700
	„ 100	10 000	10 000	10 000	9 000	8 000	7 500	7 000	6 000
	„ 200	10 000	10 000	10 000	9 000	8 000	7 500	7 000	6 000
	„ 400	12 000	12 000	12 000	10 000	10 000	8 000	8 000	7 000
	„ 600	12 000	12 000	12 000	10 000	10 000	8 000	8 000	7 000
	„ 1 000	30 000	25 000	30 000	25 000	20 000	18 000	18 000	16 000
	„ 1 600	35 000	30 000	35 000	30 000	25 000	20 000	20 000	18 000
	„ 2 600	40 000	—	40 000	—	30 000	—	25 000	—

Tafel 18: Abschaltströme von offenen und gußeisengekapselten Luftschaltern.

Der Schalter selbst übernimmt dann nur den Motorschutz und kann entsprechend der normalen Betriebstromstärke des Motors ausgelegt werden, da im Falle eines Kurzschlusses die vorgeschalteten Sicherungen abschmelzen, bevor der Schalter ansprechen kann. Würde man hierfür normale Sicherungen verwenden, so würden die bereits beschriebenen Nachteile dieser Sicherungsart beibehalten werden. Man wählt daher die sogenannten trägen Sicherungen, die unter den Namen Tardo-Sicherung, Tedi-Sicherung u. ä. auf den Markt gebracht werden und die selbst bei nur geringer Überdimensionierung über den normalen Motorstrom in der Lage sind, kurzzeitige Anlauf- bzw. Laststromstöße auszuhalten. Die Motorzuleitung braucht bei Verwendung dieser trägen Sicherungen nur dem normalen Betriebstrom entsprechend gewählt zu werden. Auf Grund ihrer hohen Kurzschlußfestigkeit sind sie jedoch in der Lage, hohe Kurzschlußströme mit genügender Schnelligkeit vor Ansprechen des Schalters abzuschalten.

Größere Motoren haben auch eine höhere Betriebstromstärke, die die Wahl eines größeren Schaltertyps bedingt. Dieser hat dann auch eine höhere Kurzschluß-Stromstärke. Entspricht diese der Stromstärke im Kurzschlußfalle, die in dem betreffenden Anlagenteil auftreten kann, so brauchen vor dem Schalter keine Sicherungen für die Übernahme des Kurzschluß-Schutzes vorgesehen zu werden.

Die Selbstschalter müssen außerdem den Motoren einen in jeder Beziehung einwandfreien Schutz gewähren, der sich auf Überlastungen, Kurzschlüsse und Bedienungsfehler zu erstrecken hat.

Zum Schutze gegen Überlastungen der Motoren sind die Selbstschalter mit Wärmeauslösern normal in zwei Polen ausgerüstet, die unmittelbar auf das Klinkwerk des Schalters wirken, ohne daß hierzu Hilfskontakte erforderlich sind. Die Wärmeauslöser werden aus bügelartigen Bimetallstreifen hergestellt, die schon bei geringen Temperaturdifferenzen ansprechen.

Der wesentliche Vorteil dieser Art der Sicherung besteht darin, daß die Bimetallstreifen von demselben Strom durchflossen werden, den der Motor aufnimmt. Sie sind daher in gewissem Sinne als Teil des zu schützenden Motors anzusprechen. Nimmt der Motor einen unzulässig hohen Strom auf, so werden die Bimetallstreifen gleichzeitig mit den Wicklungen erwärmt. Die Wärmeauslöser des Schalters werden auf die jeweils zulässige Erwärmungsgrenze des Motors eingestellt. Im Falle unzulässig lange andauernder Überlastungen wird der Motor durch Ansprechen der Wärmeauslöser vom Netz abgeschaltet. Der Motor ist also auch dann geschützt, wenn er bei Ausbleiben einer Phase infolge der erhöhten Stromaufnahme in den beiden anderen Phasen gefährliche Temperaturen annimmt. Es ist daher einleuchtend, daß man die Motoren bei Verwendung dieser Wärmeauslöser bis zu ihrer Leistungsgrenze voll ausnutzen kann.

In Bild 80 ist ein derartiger Motorschutz-Selbstschalter für eine Betriebstromstärke von 10 A in gußeisengekapselter Ausführung dargestellt. Die empfindlichen elektrischen Teile sind, wie aus dem Bilde ersichtlich, in einem gut abgedichteten, daher Schutz gegen Staub, Luftfeuchtigkeit, Verschmutzung und rauhe Behandlung bietenden Gußgehäuse untergebracht, welches außerdem das Bedienungspersonal gegen eine zufällige Berührung spannungführender Teile schützt.

Bild 80. Motorschutzschalter für 10 A in gußeisengekapselter Ausführung, Funkenlöschkammer herausgenommen

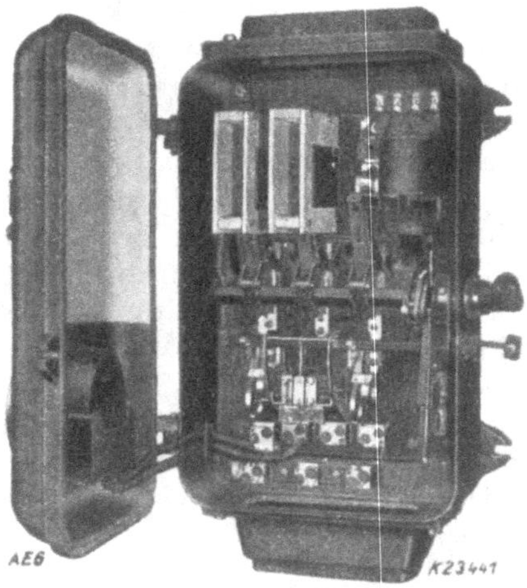

Bild 81. Motorschutz-Fernschalter für 200 A

Außer diesem Erwärmungschutz, der bei längeren Überlastungen und bei zweiphasigem Lauf anspricht, sind diese Schalter noch mit einer unverzögert wirkenden magnetischen Schnellauslösung in allen Polen ausgerüstet, die durch Momentabschaltung Schutz vor Bedienungsfehlern und Kurzschluß bietet. Diese Schnellauslösung besitzt eine Grob- und Feineinstellung. Man kann daher die Schalter für direkte Einschaltung von schleifringlosen Motoren verwenden. Die hierbei auftretende Anlaufstromspitze, die schnell abklingt und infolgedessen den Motor nicht beschädigt, wird überbrückt, ohne daß eine Auslösung erfolgt.

Sehr vorteilhaft ist es weiterhin, daß diese Schalter mit einer Unterspannungsauslösung versehen werden können, die bei Ausbleiben oder Absinken der Spannung unter einen bestimmten Wert anspricht. Es wird hierdurch zunächst verhindert, daß unbeaufsichtigt laufende Motoren bei Wiederkehr der Netzspannung nach Netzstörungen anlaufen. Außerdem kann die Spannungsrückgangsauslösung in Verbindung mit Signalkontakten zur Verriegelung mehrerer Motoren untereinander herangezogen werden derart, daß bei einem Stillstand des einen Motors alle vorhergehenden abgeschaltet werden. Eine solche Verriegelung wird bei fortlaufenden Arbeitsvorgängen, bei der Verwendung mehrerer hintereinander geschalteter Förderbänder usw. vielfach gefordert.

In vielen Fällen ist es notwendig, Antriebsmotoren von Ventilatoren, Förderbändern u. dgl. aus weiten Entfernungen ein- und auszuschalten. Es wurden daher Schutzschalter entwickelt, die im wesentlichen den vorstehend beschriebenen gleichen, jedoch für Ein- und Ausschaltung durch Druckknöpfe aus der Ferne geeignet sind. Man hat es somit in der Hand, jeden Antrieb von der für die Überwachung bzw. Bedienung am besten geeigneten Stelle aus durch Betätigung des Druckknopfes zu schalten und wird vielfach durch Vereinfachung der Leitungsführung eine merkliche Ersparnis der Anlagekosten erzielen. Diese Schalter werden für das Ein- und Ausschalten von Motoren zur Zeit bis etwa 200 A Betriebstrom (Bild 81) ausgeführt. Außerdem gibt es noch schützartige Fernschalter mit Ölfüllung (Bild 82), die bezüglich des Schutzes der Motoren nach denselben Gesichtspunkten gebaut werden. Bei der Verwendung dieser Druckknopffernsteuerung ist jedenfalls die Gewähr dafür gegeben, daß die Bedienung der Schalter auch durch elektrotechnisch ungeschultes Personal fehlerfrei vorgenommen werden kann. Vermeidbare Betriebsunterbrechungen durch falsches Schalten, schlecht bzw. unzweckmäßig eingelegte Schalter, Verwendung nicht passender Sicherungen usw. sind hierbei vollkommen unterbunden.

Bild 82. Motorschutz-Ölfernschalter mit abgenommenem Deckel und heruntergelassenem Ölbehälter

Für Motoren mit Betriebstromstärken bis etwa 20 A stehen außerdem noch Druckknopfautomaten zur Verfügung, die in ihrer Wirkungsweise den Schutzschaltern gleichen und nach dem Ansprechen durch Betätigung des eingebauten Druckknopfes in der einfachsten Weise ohne lange Betriebsunterbrechungen wieder eingeschaltet werden können. Der Kurzschlußschutz der Motoren muß in diesem Falle in vorgeschaltete Sicherungen verlegt werden. Daneben eignen sich die Druckknopfautomaten auch für die Absicherung von Lichtstromkreisen, da sie im Gegensatz zu normalen Schmelzsicherungen selbst bei Auslegung für die normale Stromstärke die beim Einschalten von Metalldrahtlampen auftretenden Stromspitzen aushalten, ohne daß hierbei eine unerwünschte Abschaltung erfolgt.

Aus den vorstehenden Ausführungen geht hervor, daß es bei den Schaltern, mag es sich um Abzweigschalter in der Hauptverteilungsanlage oder um Motorschutzschalter handeln, unbedingt notwendig ist, auf die auftretende Abschaltstromstärke Rücksicht zu nehmen. Unzweckmäßig gewählte Schalter, die die auftretende Kurzschlußleistung mit Sicherheit abzuschalten nicht in der Lage sind, können der Anlaß zu unliebsamen und kostspieligen Betriebsunterbrechungen sein, ganz abgesehen von der Gefährdung des Betriebspersonals durch Explosionen der Schalter. Für die Durchführung eines geregelten Betriebes sollte man daher die Anschaffungskosten eines scheinbar teureren Selbstschalters nicht scheuen, der dann aber die Gewähr bietet, daß er im Falle der Gefahr Leben und Gesundheit der Arbeiter sicher schützt und eine Betriebsführung gewährleistet, die nicht durch vermeidbare Zwischenfälle unterbrochen wird.

Beleuchtungsanlagen

Eine zweckmäßig ausgewählte Beleuchtung der Arbeitsräume kann viel dazu beitragen, die Arbeitsfreude und Arbeitsfähigkeit der hier tätigen Personen zu heben. Außerdem ist zu berücksichtigen, daß bei Vorhandensein einer guten Beleuchtung eine vorzeitige Ermüdung der Arbeitenden vermieden wird, wodurch Unglücksfälle erwiesenermaßen auf ein Mindestmaß zurückgeführt werden.

Von einer guten Beleuchtung ist zunächst eine ausreichende Beleuchtungsstärke zu verlangen, die von der Größe des Lichtstromes und der zu beleuchtenden Fläche abhängig ist:

$$\text{Beleuchtungsstärke (in Lux)} = \frac{\text{Lichtstrom (in Lumen)} \times \text{Beleuchtungswirkungsgrad}}{\text{Fläche (in qm)}}.$$

Bei natürlicher Beleuchtung schwankt die Beleuchtungsstärke in weiten Grenzen. Sie beträgt z. B. am Mittag eines sonnigen Hochsommertages 100000 Lux, am Tage bei bedecktem Himmel einige Tausend Lux, in der Dämmerung etwa 1—10 Lux und bei Vollmond nur etwa $^1/_5$ Lux.

Bei künstlicher Beleuchtung soll in den Betrieben der Nahrungsmittelindustrie, in denen in beleuchtungstechnischem Sinne mittelfeine Arbeit zu leisten ist, bei reiner Allgemeinbeleuchtung eine mittlere Beleuchtungsstärke von 80 Lux vorhanden sein. Eine derartige Allgemeinbeleuchtung ist in allen Räumen zu wählen, in denen gleichzeitig an mehreren Stellen gearbeitet wird, wie z. B. Backstuben, Schlachthallen, Schwankhallen in Brauereien usw. Kommen jedoch Arbeiten an Maschinen u. dgl. vor, z. B. in den Maschinensälen der Schokoladen- und Zigarettenfabriken usw., die höhere Beleuchtungsstärken erfordern, so wird man mit Rücksicht auf eine wirtschaftliche Ausnutzung die Beleuchtungsanlage in Allgemein- und Arbeitsplatzbeleuchtung unterteilen. Die mittlere Beleuchtungsstärke der Allgemeinbeleuchtung kann dann etwas geringer mit etwa 30 Lux gewählt werden, während für die Platzbeleuchtung je nach der Feinheit der Arbeit Beleuchtungsstärken von 100 bis 300 Lux erforderlich sind.

Als Lichtquellen dienen bei der elektrischen Beleuchtung Glühlampen, bei denen der Leuchtkörper aus einem Wolframdraht besteht, der auf etwa 2100 bis 2900^0 erhitzt wird. Die Lampen sind nach ihrer Leistungsaufnahme in Watt gestaffelt, und zwar kommen für allgemeine Beleuchtungszwecke die in der Einheitsreihe zusammengefaßten Lampen von 15 bis 100 Watt, darüber hinaus die Nitralampen von 150 bis 2000 Watt in Frage.

Einheitsreihe

	15	25	40	60	75	100		Watt
110 V	150	255	485	840	1 150	1 550		Lumen
220 V	130	225	375	690	910	1 350		Lumen

Nitralampen

	150	200	300	500	750	1 000	1 500	2 000	Watt
110 V	2 650	3 600	5 900	10 500	16 500	22 000	35 500	44 000	Lumen
220 V	2 350	3 150	5 300	9 000	15 000	21 000	33 500	41 500	Lumen

Tafel 19: Ungefähre Lichtströme in Lumen der Osram-Lampen bei 110 Volt und 220 Volt.

Ein Maßstab für die Güte einer Lampe ist neben der Lichtausbeute (Lumen/Watt), d. h. dem Verhältnis der abgegebenen Lichtleistung (in Lumen) zur verbrauchten elektrischen Leistung in Watt), die Lebensdauer, die im Mittel 1000 Stunden beträgt. Während dieser Zeit nimmt der Lichtstrom der Lampe höchstens 15 bis 20 v. H. ab. Tafel 19 zeigt die üblichen Lampengrößen mit ihrem Lichtstrom bei 110 und 220 Volt. Aus der Zusammenstellung ist zu ersehen, daß die Lichtausbeute bei kleineren Lampen wesentlich geringer ist (8—14 Lm/W) als bei größeren Lampen (15 bis 21 Lm/W).

Der Beleuchtungswirkungsgrad gibt das Verhältnis des für die Beleuchtung ausgenutzten Lichtstromes zum erzeugten Lichtstrom an. Er ist abhängig von der Art der Beleuchtungskörper, der Höhe ihrer Aufhängung und vor allen Dingen von der Beschaffenheit der Decke und der Wände. Er beträgt in den Betrieben der Nahrungsmittelindustrie, in denen im allgemeinen Decken und Wände hell gehalten sind, erfahrungsgemäß angenähert 30 bis 40 v. H.

Die Berechnung der erforderlichen Beleuchtung läßt sich an Hand des Bildes 83 in einfacher Weise durchführen. Die angegebenen Werte gelten angenähert unter Zugrundelegung der vorstehenden

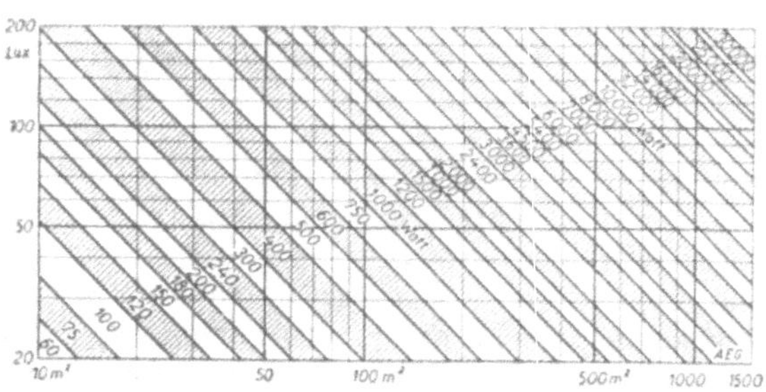

Bild 83. Schaubild für die Berechnung der Beleuchtungsstärke bei 220 Volt Spannung

Annahmen für eine Spannung von 220 Volt. Bei 110 Volt Spannung ist der Verbrauch etwa 10 v. H. geringer.

Es ergibt sich z. B. für einen zu beleuchtenden Raum von 7×10 m, also 70 qm Grundfläche bei reiner Allgemeinbeleuchtung und der hierbei erwünschten Beleuchtungsstärke von 80 Lux ein Leistungsverbrauch von 750 Watt. Wird diese Leistung aus Zweckmäßigkeitsgründen in mehrere Einheiten kleinerer Wattzahl aufgeteilt, so steigt der Leistungsverbrauch. Im vorliegenden Falle wären statt einer Lampe von 750 Watt erforderlich:

3 Lampen je 300 Watt oder
5 Lampen je 200 Watt oder
6 Lampen je 150 Watt oder
11 Lampen je 100 Watt.

Weiterhin muß eine gute Beleuchtung gleichmäßig und blendungsfrei sein. Die Gleichmäßigkeit ist abhängig von der Anzahl und Anordnung der Leuchten. Die Beschaffenheit der Decke und der Wände spielt wegen der Reflexionen auch hierbei eine große Rolle. Eine Blendung, wobei die von der Lichtquelle ausgehenden Lichtstrahlen das Auge des Arbeitenden unmittelbar treffen, muß wegen der hierdurch erfahrungsgemäß auftretenden vorzeitigen Ermüdung des Auges unbedingt durch Anordnung von Reflektoren oder lichtstreuenden Gläsern um die Lampe vermieden werden.

Um die in derartigen Betriebsräumen weiterhin notwendige Schattigkeit der Beleuchtung zu erzielen, ist eine halbindirekte oder vorwiegend direkte Beleuchtung zu empfehlen. Indirekte Beleuchtung, bei der die Lampen vollkommen verdeckt angeordnet sind und nur die Decke und den oberen Teil der Wand anleuchten, sind hier infolge des Fortfalls der in gewissem Grade erwünschten Schattigkeit nicht geeignet.

Halbindirektes Licht ist nur in Räumen mit hellen Decken und Wänden vorzusehen, da der größte Teil des Lichtstromes von diesen in den Raum reflektiert wird und nur wenig Licht unmittelbar in den Raum strahlt. Die Schatten sind dementsprechend weich. Eine Beleuchtung dieser Art eignet sich für Treppen, Flure, Nebenräume usw. Die Leuchten besitzen Glasglocken, deren obere Hälfte mattiert ist, während unter der Glühlampe Trübglas oder opalüberfangenes Glas angeordnet wird. Die lichtstreuende Glasglocke gewährleistet eine gleichmäßige Beleuchtung und vermeidet eine Blendung.

In den eigentlichen Betriebsräumen jedoch, in denen eine kräftigere Schattigkeit herrschen soll, ist die vorwiegend direkte Beleuchtung am Platze. Zur Vermeidung der Blendung sind auch hier offene Glühlampen, deren Strahlen das Auge des Arbeitenden unmittelbar treffen, zu vermeiden. Man verwendet daher auch hier lichtstreuende Glasglocken, die infolge der Verwendung opalüberfangenen Glases für die obere Hälfte der Glocke weniger Licht an Decke und Wände abgeben, während die untere Hälfte in der Regel aus mattiertem Glas oder Trübglas besteht. Der größte Teil des Lichtstromes wird daher unmittelbar in den Raum abgegeben. Eine gut

Bild 84. Backstube mit Leuchten für vorwiegend direktes Licht

Bild 85. Arbeitsplatzbeleuchtung durch kleine Reflektoren an einer Zigarettenmaschine in der Zigarettenfabrik Josetti, Berlin

Bild 86. Transparent und Opalglas-Leuchtbuchstaben

Bild 87. Zweckmäßige Namenschildbeleuchtung des Firmenschildes einer Konditorei

beleuchtete Backstube mit derartigen Leuchten für vorwiegend direktes Licht zeigt Bild 84. Bei größerer Raumhöhe können die Leuchten an einem Pendel aufgehängt werden.

Für die Arbeitsplatzbeleuchtung sind zweckmäßig Reflektoren zu verwenden, bei denen besonders darauf zu achten ist, daß sie genügend tief sind und so angeordnet werden, daß eine Blendung eventuell durch Anordnung eines lichtstreuenden Glases auf jeden Fall vermieden wird (Bild 85).

Bei der Auswahl der Leuchten ist aber neben diesen beleuchtungstechnischen Gesichtspunkten auch auf eine, den Betriebsverhältnissen Rechnung tragende mechanische Ausführungsform zu achten. Das Auftreten von Staub, Luftfeuchtigkeit u. a. bedingt die Wahl entsprechend geschützter Bauarten.

Eine künstliche Beleuchtung mit tageslichtähnlicher Wirkung muß in Betriebsräumen vorgesehen werden, in denen die Farbe des zu verarbeitenden Materials von Wichtigkeit ist (z. B. in Tabakaufbereitungsanlagen). Das Licht normaler Glühlampen weist gegenüber dem Tageslicht infolge des wesentlich geringeren Gehaltes an blauen Strahlen eine andere Farbe auf, so daß sich auch die Farbe der bei diesem Licht betrachteten Gegenstände ändert. Um eine tageslichtähnliche Wirkung zu erzielen, kann man normale Glühlampen in einen Reflektor einbauen, der unten mit einem blauen Glase abgedeckt ist (Tageslichtarmatur), oder die sogenannten Tageslichtglühlampen in einer normalen Armatur verwenden. Bei der Installation dieser Lampen ist darauf zu achten, daß sie verdeckt angeordnet werden, weil sonst der Eindruck blauen Lichtes entsteht, und daß stärkere und eine größere Anzahl von Lampen zur Erzielung einer ausreichenden Beleuchtungsstärke notwendig sind als bei normaler Beleuchtung durch gewöhnliche Glühlampen.

Ein wichtiges Hilfsmittel bei der Kundenwerbung bietet die Elektrizität durch die Lichtreklame. Beispielsweise können Transparente längs der Gebäudewand oder senkrecht zu dieser angeordnet werden. (Bild 86 rechts.) Der Firmenname selbst besteht bei der in diesem Bilde gezeigten Anlage aus Opalglasbuchstaben. Vielfach werden jedoch für diese Zwecke Glühlampen-Leuchtbuchstaben verwendet, bei denen die Lampenkanäle mit Rücksicht auf eine gute Tageslichtwirkung mit weißen oder farbigen Überfanggläsern abgedeckt sind.

Für die Anleuchtung nicht selbst leuchtender Schriftzüge eignen sich Glüh- oder Soffittenlampen, sofern sie so angeordnet werden, daß sie dem Beschauer unsichtbar bleiben und nicht blenden. Bild 87 zeigt die einwandfreie Beleuchtung des Namenschildes einer Konditorei neben einer unzweckmäßigen Anordnung offener Lampen vor dem Schild, dessen Schriftzüge infolge der ungünstigen Aufhängung der Lampen und der Blendung nicht zu erkennen sind.

Die Verwendung von Leuchtröhren, die sich infolge der beliebigen

Bild 88. Neon-Leuchtröhrenbuchstaben an dem Fabrikgebäude dcr Schokoladenfabrik Mauxion

Biegsamkeit der Glasröhren zur Anfertigung von Schriftzügen, Firmenzeichen usw. gut eignen, zeigt Bild 88. Diese evakuierten Röhren sind mit einem Edelgas, Neon oder Helium, gefüllt. Ihre Leuchtwirkung beruht darauf, daß den an den Enden jeden Systems eingeschmolzenen Elektroden ein hochgespannter Wechselstrom zugeführt wird, so daß zwischen diesen Elektroden, ähnlich wie bei den Geißlerschen Röhren, dauernd elektrische Entladungen erfolgen.

Mit Neongas gefüllte Röhren leuchten rotorange, bei Zufügung von Quecksilber blau und bei Verwendung von naturfarbigen Gläsern grün, während mit Helium eine weiß-rosa Farbe und bei Wahl naturfarbigen gelben Glases eine gelbe Farbe erzielt wird. Als besonders wirkungsvolle Neuerung sind Röhren mit verschiedenen Leuchtfarben, z. B. blau und rot, grün und rot, usw. auf den Markt gebracht worden, wobei in jedem System zwei Rohrführungen zusammengefaßt werden. Durch verschiedene Farbenzusammenstellungen lassen sich besonders bei wechselnder Ein-, Aus- und Zusammenschaltung der einzelnen Rohrsysteme vollkommen neuartige Lichteffekte erzielen.

Gegenüber den Glühlampen-Leuchtbuchstaben zeichnen sich die Edelgasröhren durch wesentlich geringeren Stromverbrauch aus, der je Meter Rohr nur etwa 30 bis 40 Watt beträgt. Mit Rücksicht auf eine gute Tageswirkung können die Röhren zweckmäßig auf einem aus Blech hergestellten Buchstabenhintergrund montiert werden. Für den Anschluß an das Niederspannungsnetz sind Transformatoren und Drosselspulen oder Widerstände erforderlich, die zum Schutz gegen Berührung mit einem Kasten aus Eisenblech umgeben werden. Dieser muß derart mit einem Schalter des Primärniederspannungsstromkreises verbunden sein, daß die Anlage beim Öffnen des Kastens stromlos gemacht wird. Die Edelgasröhren können nur mit Wechselstrom betrieben werden. In Gleichstromanlagen ist daher die Aufstellung eines besonderen Umformers erforderlich.

Elektrowärme

Die Umwandlung der Elektrizität in Wärme erfolgt in entsprechend bemessenen Widerstandsdrähten, die je nach ihrem Verwendungszweck in patronen- oder stabförmigen Heizkörpern untergebracht werden, gefahrlos, sauber, bequem und leicht regelbar.

Diese Vorzüge lassen die Verwendung der Elektrowärme an Stelle anderer Heizungsarten auch dann vielfach wirtschaftlich erscheinen, wenn bei oberflächlicher Betrachtung die in absoluten Zahlen zu erfassenden Kosten der Elektrobeheizung etwas höher zu liegen scheinen. Berücksichtigt man hingegen außer den reinen Heizungskosten alle die oben beschriebenen sonstigen Vorzüge der Elektrizität, so lehrt die Erfahrung, daß die Elektrowärme in sehr vielen Fällen zu wirtschaftlicher Arbeitsweise herangezogen werden kann.

Es ist somit erklärlich, daß die Verwendung der Elektrowärme auch in den Betrieben der Nahrungsmittelindustrie, in denen unbedingte Sauberkeit oberstes Gesetz ist, schon auf Grund dieses Vorzuges immer größeren Umfang annimmt. Dies war um so leichter möglich, als die Elektroindustrie diese Entwicklung der Dinge vorausgesehen hat und schon seit langer Zeit in der Lage ist, für jeden nur denkbaren Verwendungszweck sorgfältig durchgearbeitete Geräte zu liefern, die allen berechtigten Anforderungen an Betriebssicherheit, Anpassungsfähigkeit an die Betriebsbedingungen und Wirtschaftlichkeit vollauf entsprechen.

Neben elektrisch beheizten Rührwerken, Wärmetischen, Wärmeplatten, Wärmeschränken usw., die in den eigentlichen Betriebsräumen im Verlauf des Fertigungsganges in vielen Zweigen dieser Industrie benötigt werden, findet man die Elektrowärme bei der Ausgestaltung von Hilfs- und Nebenbetrieben, so z. B. bei der Bereitung des Warmwassers. Hierzu dienen Heißwasserspeicher, die in verschiedenen Ausführungsformen für ein Fassungsvermögen von 5 bis 1000 Liter und mehr je Einheit gebaut werden.

Je nach der Bauart hat man Überlaufspeicher und Entleerungsspeicher zu unterscheiden. Bei dem Überlaufsystem ist der Speicher immer mit Wasser gefüllt. Bei der Entnahme warmen Wassers strömt kaltes nach, so daß der im allgemeinen eingebaute Temperaturregler den Strom einschaltet, bis die Höchsttemperatur im Kessel wieder erreicht ist. Bei den Entleerungsspeichern hingegen entleert sich der Innenbehälter bei der Warmwasserentnahme, sie werden täglich vor dem Aufladen von neuem gefüllt. Ihre Arbeitsweise kann insofern sehr wirtschaftlich gestaltet werden, als die Elektrizitätswerke vielfach Nachtstrom zu verbilligten Tarifen abgeben. Man kann sie demnach in der Nacht einschalten, so daß das im Speicher befindliche Wasser auf die gewünschte Temperatur gebracht wird und bei der Wahl entsprechender Einheiten während des ganzen Tages zum Verbrauch bereit steht. Infolge einer guten Wärmeisolation des Kessels werden die Wärmeverluste auf ein Mindestmaß beschränkt. Eingebaute Regler verhüten Beschädigungen infolge Weiterheizens bzw. Überkochens bei irgendwelchen Störungen oder anderer etwa auftretender Schäden. In Verbindung mit einer Schaltuhr, die zu Beginn des verbilligten Tarifes den Stromkreis schließt und mit einem Temperaturregler, der nach Erreichen der Endtemperatur von 85⁰ die Stromzufuhr abschaltet, kann die Anlage vollkommen sich selbst überlassen bleiben.

Dieselben Gesichtspunkte waren bei der Durchbildung der elektrisch beheizten Wärmespeicheröfen für Bäckereien maßgebend. Auch hier geschieht die Aufheizung des eingebauten Speicherkernes, der aus einem Material besonderer Zusammensetzung besteht, nur mit Nachtstrom. Zu Beginn des Backens werden die eingebauten Heizelemente abgeschaltet. Infolge der guten Wärmeisolation kann trotzdem während des ganzen Tages in dem Ofen gebacken werden. Daneben gibt es aber auch Tagesstromöfen, bei denen die nach dem Anheizen allerdings verringerte Stromzufuhr nicht abgeschaltet wird. Der Vollständigkeit halber seien noch die Verbundöfen erwähnt, die neben der elektrischen Beheizung für Kohle-, Gas- oder Ölfeuerung eingerichtet sind, wobei die elektrischen Heizelemente vielfach nur als Zusatzheizung verwendet werden.

Ein weiteres Anwendungsgebiet der Elektrowärme ergibt sich in größeren Betrieben, in denen es üblich ist, das Personal in einer

Bild 89. Elektrischer Großküchenherd

eigenen Kantine mit warmen Speisen zu versorgen, wie auch für gewerbliche Zwecke, z. B. in den Feinkostabteilungen der Fleischwarenfabriken bei der Ausbildung der Küche. Hier sind häufig die für die Einrichtung von Großküchen maßgebenden Gesichtspunkte zu berücksichtigen. Für die Zubereitung der Speisen stehen Küchenherde in verschiedenen Größen, Siedekessel in feststehender und kippbarer Ausführung und Bratrohre zur Verfügung. Die Leistung bzw. der Anschlußwert der in die Großküchenherde (Bild 89) eingebauten Kochplatten braucht in Personalküchen nicht so groß gewählt zu werden wie z. B. im Gaststättenbetrieb, da hier nicht mit einem Stoßbetrieb gerechnet zu werden braucht. Mit ganz geringen Schwankungen ist die Zahl der zu verpflegenden Personen gleich bzw. rechtzeitig zu ermitteln, so daß der Küchenbetrieb wesentlich gleichmäßiger ist als in anderen Anlagen. Im Küchenbetrieb bietet die Erzeugung von Wärme durch Elektrizität neben den bereits beschriebenen Vorzügen insbesondere Vorteile durch Ausschaltung jeglicher Brandgefahr und vermeidet die schädlichen Einwirkungen strahlender Hitze des offenen Herdfeuers auf das hier tätige Personal. Überdies ist die elektrische Küche unerreicht hinsichtlich Sauberkeit des Betriebes, da Kohlenstaub und Asche wie in der kohlenbeheizten Küche wegfallen. Ebenso werden alle bei der Kohle- oder Gasheizung auftretenden Gase vermieden. In der elektrischen Küche behalten Wände und Decken lange ihre reine weiße Farbe, so daß das lästige und kostspielige Instandsetzen der Räume auf das geringste Maß vermindert wird. Dieselben Überlegungen gelten natürlich auch bei der Elektrizitätsverwendung für Wärmezwecke in allen anderen Betriebsräumen.

Kühlanlagen

Kein Betrieb der Nahrungsmittelindustrie, gleichgültig welchen Umfang er hat, ist ohne eine entsprechende Kühlanlage denkbar. Der Kältebedarf der Kühlräume und die zur Erzeugung der erforderlichen Kälteleistung aufzuwendende Antriebsleistung der Kältemaschine ist abhängig von der Temperatur, die im Kühlraum eingehalten werden soll und von der Temperatur des zur Verfügung stehenden Kühlwassers. Die Zahlentafel 20 gibt einen Überblick über die erfahrungsgemäß günstigsten Kühlraumtemperaturen für einige der wichtigsten Kühlgüter.

In größeren Betrieben sind zur Frischhaltung, Aufbewahrung und Lagerung der Erzeugnisse besondere Kühlräume erforderlich. Diese Räume können entweder durch verdampfendes Kältemittel gekühlt werden, das durch Rohrsysteme umläuft oder durch Sole, die ihrerseits wiederum durch verdampfendes Kältemittel gekühlt wird. Die Temperatur des verdampfenden Kältemittels bzw. der Sole liegt in der Regel etwa 8° tiefer als die Raumtemperatur und die Temperatur des verdampfenden Kältemittels bei Solekühlung etwa 5° unter der Soletemperatur.

°C	Obst	Gemüse	Bier	Verschiedenes
− 5°				Butter
± 0°	Pfirsich	Bohnen		Eier
+ 1°	Äpfel	Tomaten	im Lagerkeller	
+ 1,5°	Pflaumen	Blumenkohl Karotten Spargel Weißkraut		
+ 2°	Weintrauben			
+ 2–4°				Fleisch im Kühlraum
+ 4,5°	Bananen			
+ 5°			im Gärkeller	
+ 6°			im Abfüllkeller	
+ 6–8°				Fleisch im Vorkühlraum
+ 7,5°	Apfelsinen			
+ 10°				Schokolade im Lagerraum
+ 10–15°				Gär- und Lagerkeller für Weißwein
15–20°				Gär- und Lagerkeller für Rotwein

Tafel 20: Günstigste Kühlraumtemperaturen für einige wichtige Kühlgüter.

Der Kältebedarf der Kühlräume wird bestimmt durch die Wärmemenge, die durch die Kühlraumoberfläche eindringt, die das Kühlgut und die im Raum arbeitenden Personen abgeben, die etwa angesaugte Frischluft mitbringt bzw. durch Beleuchtung oder sonstige Wärmequellen an die Kühlraumluft übertragen wird und endlich die durch offene Türen eindringt. Um die durch die Kühlraumoberfläche eindringenden Kälteverluste nach Möglichkeit gering zu halten, werden die Kühlräume stets mit Korkstein von 6 bis 16 cm Dicke isoliert.

Insgesamt beläuft sich erfahrungsgemäß die erforderliche Kälteleistung auf etwa 1000—3000 kcal/24 h je m² Raumgrundfläche je nach Größe des Raumes, Güte der Isolierung, Temperaturdifferenz zwischen Außen- und Raumluft usw.

Bei maschineller Kühlung werden meist Kompressionskältemaschinen verwendet, bei denen überwiegend Ammoniak als Kältemittel dient. Die zum Antrieb der Kältekompressoren erforderlichen elektrischen Einrichtungen wurden bereits in dem Abschnitt „Leistungsfaktorverbesserung in Drehstromanlagen" kurz gestreift, da die Kompressormotoren, die vielfach die größten Stromverbraucher der Anlage sind, mit Vorteil für eine Verbesserung des Gesamtleistungsfaktors herangezogen werden. Die Bilder 24 und 28 geben einen Einblick in derartige Kälteerzeugungsanlagen.

Zur überschlägigen Ermittlung der erforderlichen Kältemaschinen und ihre Antriebsleistung wurde in Zahlentafel 21 die nutzbare Kälteleistung in kcal/h für 1 PSh in Abhängigkeit von der Verdampfungs- und Kühlwassertemperatur zusammengestellt. In dieser Zahlentafel gelten die größeren Werte für größere Maschinen und reichliches Kühlwasser. Sie kann selbstverständlich nur einen ganz ungefähren Anhalt zur Bestimmung der Antriebsleistung geben.

Verdampfungs-temperatur	Kühlwassertemperatur		
	+ 10°	+ 15°	+ 20°
— 5°	3300—4100	2600—3400	2100—2700
— 10°	2600—3200	2100—2700	1700—2200
— 15°	2000—2500	1700—2100	1300—1700

Tafel 21: Nutzbare Kühlleistung in kcal/h für 1 PSh in Abhängigkeit von der Verdampfungs- und Kühlwassertemperatur

Aus den vorstehend angegebenen Daten würde sich z. B. unter der Annahme einer Kühlraumtemperatur von — 2° C, einer etwa 8° tiefer als Raumtemperatur liegenden Verdampfungstemperatur von — 10° C und einer Kühlwassertemperatur von + 15° nach Zahlentafel 21 eine nutzbare Kälteleistung von 2100 kcal/h je PSh ergeben. Die erforderliche Kälteleistung errechnet sich für einen Raum von 500 qm zu 500×3000 kcal/24 h je m^2 mit 1 500 000 kcal/24 h. Bei einer nutzbaren Kälteleistung von 2100 kcal/h je PSh ergibt sich $\frac{1\,500\,000}{2\,100}$ = etwa 713 PSh bzw. bei 24 h-Betrieb eine Motorleistung von etwa 30 PS.

Für die Steuerung der Kompressormotoren dienen die unter dem Abschnitt „Ausführungsform der Motoren" bereits beschriebenen Steuergeräte. Hierzu kommen dann noch für kleinere und mittlere Leistungen halb- und vollautomatische Steuerungen, die unter Verwendung entsprechend ausgebildeter Temperaturregler in Verbindung mit Schützen bzw. Selbstanlassern für die Ein- und Abschaltung der Motoren die Aufrechterhaltung einer einstellbaren stets gleichmäßigen Temperatur in dem Kühlraum gewährleisten.

Daneben gibt es aber noch eine große Anzahl von Betrieben, in denen sich der Einbau besonderer Kühlräume nicht lohnt bzw. die außer den großen Kühlanlagen in den vielfach angegliederten Verkaufsräumen zur Aufbewahrung geringerer Mengen von Lebensmitteln geeignete Einrichtungen benötigen. Für diese Zwecke hat die Elektroindustrie elektrisch betriebene Kühlschränke geschaffen. Sie werden in verschiedenen Ausführungsformen und nach verschiedenen Systemen gebaut. Die zur Kälteerzeugung erforderliche Apparatur ist in der Regel fest eingebaut, so daß zur Inbetriebsetzung nur der Anschluß an eine Lichtsteckdose notwendig ist. Im allgemeinen erhalten sie eingebaute Temperaturregler, die unabhängig von der umgebenden Außentemperatur eine einstellbare Kühltemperatur im Innern des Schrankes aufrecht erhalten. Der Stromverbrauch ist in diesem Falle verhältnismäßig gering, da die Kühlapparatur nur bei Erhöhung der eingestellten Temperatur in Betrieb gesetzt wird.